Faserforschung und Textiltechnik

Begründet von
Erich Correns und Walter Frenzel

Herausgegeben von
Wolfgang Bobeth · Hermann Klare
Burkart Philipp · Christian Ruscher

Schriftleiter
J. Brämer und I. Ruscher

Akademie-Verlag
Berlin

Faserforsch. u. Textiltechnik / Z. Polymerforsch.
25. Jahrg. · Heft 6 · Seiten 229—276 · Berlin, im Juni 1974
FSTXA7 25 (6) 229—276 (1974)
Preis: 15,— M · Sonderpreis DDR: 9,— M

Faserforschung und Textiltechnik

Zeitschrift für Polymerforschung

Die Zeitschrift ,,Faserforschung und Textiltechnik/Z. f. Polymerforschung“ erscheint monatlich in Heften zu 48 Textseiten im Format A 4. Der Preis für das Einzelheft beträgt M 15,– (Sonderpreis für DDR M 9,–), für den Vierteljahrbezug M 45,– (Sonderpreis für DDR M 27,–), zuzügl. Bestellgeld. Die Berechnung erfolgt zu Beginn eines Vierteljahrs für 3 Hefte. Falls keine Bezugsmöglichkeit durch eine Buchhandlung vorhanden ist, wenden Sie sich bitte in der Deutschen Demokratischen Republik an ein Postamt oder den Verlag, in den sozialistischen Ländern an den jeweiligen Postzeitungsvertrieb, in der Deutschen Bundesrepublik an die Auslieferungsstelle Kunst und Wissen, Erich Bieber, 7 Stuttgart 1, Wilhelmstraße 4–6, in allen übrigen Ländern an den internationalen Buch- und Zeitschriftenhandel oder den Buchexport, Volkseigener Außenhandelsbetrieb der Deutschen Demokratischen Republik, DDR-701 Leipzig, Postschließfach 276, oder den Akademie-Verlag, DDR-108 Berlin, Leipziger Str. 3–4 (Fernruf: 220441; Telex-Nr. 0112020; Postscheckkonto 35021). Bestellnummer dieses Heftes: 1014/25/6. Alleinige Anzeigenannahme DEWAG-WERBUNG, DDR-1054 Berlin, Wilhelm-Pieck-Str. 49, und alle DEWAG-Betriebe in den Bezirksstädten der DDR.

Herausgeber und verantwortlich für den Inhalt: Prof. Dr.-Ing. habil. Wolfgang Bobeth, Institut für Technologie der Fasern der Akademie der Wissenschaften der DDR, 801 Dresden, Hohe Str. 6, Fernruf: 44721; Prof. Dr. Hermann Klare, Prof. Dr. habil. Burkart Philipp und Dr. habil. Christian Ruscher, Institut für Polymerenchemie der Akademie der Wissenschaften der DDR, 153 Teltow-Seehof, Fernruf: Teltow 4831. Schriftleiter: Joachim Brämer und Dipl.-Chem. Ingeborg Ruscher, 153 Teltow-Seehof, Kantstr. 55. Verlag: Akademie-Verlag, DDR-108 Berlin, Leipziger Str. 3–4. Satz und Druck: VEB Druckhaus ,,Maxim Gorki“, 74 Altenburg. — Veröffentlicht unter der Lizenznummer 1280 des Presseamtes beim Vorsitzenden des Ministerrates der Deutschen Demokratischen Republik. — Printed in the German Democratic Republic.

Begründet von Erich Correns und Walter Frenzel

Herausgegeben von

**Wolfgang Bobeth — Hermann Klare — Burkart Philipp
Christian Ruscher**

Schriftleiter: J. Brämer und I. Ruscher

Band 25 • Juni 1974 • Heft 6

DK 677.494/[Bikomp.]:677.021.127:678.675-416:678.674-416:677.017.8:65.011.4

Jakob, Werner, Michels, Christoph, Franz, Hartmut, und *Berger, Werner*

Die Spaltung von Polymermischungsfolien — ein neuer Weg zur Herstellung von Folienfaserstoffen

Faserforsch. u. Textiltechnik/Z. Polymerforsch. **25** (1974) 6, S. 229–234. 1 Abb., 11 Lit.

Ausgehend vom Stand der Technik der Herstellung von Folienfaserstoffen aus Polypropylen und Niederdruckpolyäthylen, werden die Voraussetzungen und die Realisierungsmöglichkeiten zur Herstellung von Folienfaserstoffen aus Polymermischungsfolien, vorzugsweise auf Basis Polyamid und Polyester, abgeleitet. Im einzelnen werden folgende Detailprobleme diskutiert:

Fragen der Definition der Folienfaserstoffe,
Voraussetzungen für die Spaltbarkeit von Polymerfolien,
Herstellung und Verarbeitung der Polymermischungen,
textil-physikalische Charakterisierung der Folienfaserstoffe aus Polymermischungen und
vergleichende ökonomische Betrachtungen zur Folientechnologie und den klassischen Verfahren der Chemiefaserstoffherstellung.

DK 677.494/[Bikomp.]:677.494.743.22:532.696.22:677.021.125.26–913.3:541.18.04:677.021.125.271:677.017.285

Fichman, V. D., Krasil'nikova, L. S., und *Mežirov, M. S.*

Untersuchung der Fadenbildung aus Gemischen von Polyvinylchlorid mit verschiedenen Polymeren

Faserforsch. u. Textiltechnik/Z. Polymerforsch. **25** (1974) 6, S. 234–241. 10 Abb., 3 Tab., 12 Lit.

Zusätze von Polymeren, die in Dimethylformamid nicht mit Polyvinylchlorid mischbar sind, beschleunigen die Diffusion des Fällmittels (Wasser) in die sich formende Struktur der Spinnlösung und verzögern die Bildung der Gelstruktur. Es entstehen Fasern mit kleineren Poren und höherer Diffusionsdurchdringbarkeit, die eine größere Geschwindigkeit beim Waschen und Färben der Fäden „im Gelzustand" gestatten; andererseits werden die gedehnten Fasern beim Trocknen durch Kräfte der Kapillarkontraktion verdichtet.
Für die Untersuchungen wurde die Wärmeimpulsmethode angewendet; für den modifizierenden Einfluß des Polymerzusatzes wird ein Mechanismus vorgeschlagen.

DK 661.728.32:661.728.82:542.951.1:539.388.2:539.22:541.8

Leuteritz, Reiner, und *Philipp, Burkart*

Morphologische Untersuchungen zur Lösungsacetylierung von Linters

Faserforsch. u. Textiltechnik/Z. Polymerforsch. **25** (1974) 6, S. 242–248. 14 Abb., 16 Lit.

Bei der Lösungsacetylierung essigsäureaktivierter Lintersfasern im Acetyliergemisch Acetanhydrid/Methylenchlorid mit H_2SO_4 als Katalysator werden verschiedene Zerfallsformen nebeneinander beobachtet: Strukturloses Aufquellen mit lochfraßartigem Zerfall, Spiralstrukturen und ausgeprägter Längszerfall. Die Lösungsacetylierung im gleichen System ergab nach Aktivierung mit NH_3 keine neuen Zerfallsformen. Allerdings bleibt die Auflösung der Linterfasern dann unvollständig. Linters unterschiedlicher Provenienz und Verarbeitbarkeit zeigte bei beiden Aktivierungsarten keine signifikanten Unterschiede. Die morphologische Heterogenität innerhalb *einer* anacetylierten Probe wird im Vergleich zu den bekannten Quellungsbildern von Cellulosexanthogenat diskutiert und gedeutet.

DK 677.494.675:677.862.3:546.226'131 31:677.014.886:542.945.22:543.888

El-Garf, Samy Abdel Monem, und *Abou-Steet, Y.*

Herstellung von gekräuseltem „MISR-Nylon" durch Reaktion mit Sulfurylchlorid

Faserforsch. u. Textiltechnik/Z. Polymerforsch. **25** (1974) 6, S. 248–251. 2 Abb., 3 Tab., 12 Lit.

Gekräuseltes MISR-Nylon wurde durch Reaktion mit Sulfurylchlorid erhalten und die Reaktion untersucht. Der Einfluß der Konzentration von SO_2Cl_2, der Temperatur und des Faser/Flotten-Verhältnisses auf die Reaktion sowie der Kräuselungsgrad, die Reißlänge und die Reißdehnung wurden bestimmt. Es wurde festgestellt, daß der Kräuselungsgrad nicht nur vom prozentualen Schwefelgehalt, sondern auch von der Konzentration des Sulfurylchlorids in der Reaktionsmischung abhängt. Die durch Temperaturänderung bewirkte Zunahme des Schwefelgehaltes führt zu vergleichsweise stärkerem Abbau als die Zunahme des Schwefelgehaltes durch Verringerung des Faser/Flotten-Verhältnisses. Die Reaktions- und Abbaugeschwindigkeit sind in Tetrachlorkohlenstoff höher als in Toluol bei dessen Anwendung als Reaktionsmedium.

DK 677.4:677.021.125.2/.3:677.014.87:677.017.4:001.18

Perepelkin, K. E.

Gegenwärtige Vorstellungen über die Struktur, die Spinnprinzipien und die physikalischen Eigenschaften hochorientierter Chemiefaserstoffe

Faserforsch. u. Textiltechnik/Z. Polymerforsch. **25** (1974) 6, S. 251–267. 7 Abb., 9 Tab., 159 Lit.

Die Arbeit enthält Betrachtungen zum gegenwärtigen Entwicklungsstand auf dem Gebiet der in geringem oder mittlerem Umfang erzeugten Faserstoffe und Fasermaterialien mit hoher Festigkeit und guten anderen Eigenschaften sowie der physikalischen und physikochemischen Grundlagen ihrer Herstellung und Orientierung. Es erfolgt eine Voraussage der Eigenschaften von Faserstoffen mit den besten mechanischen Kennwerten.

DK 547.455:543.554.42:543.062

Unger, Achim, und *Poller, Siegfried*

Quantitative Auswertung von Dünnschichtchromatogrammen wichtiger Monosaccharide

Faserforsch. u. Textiltechnik/Z. Polymerforsch. **25** (1974) 6, S. 268–270. 40 Lit.

Im Anschluß an eine bereits vorher veröffentlichte Übersichtsarbeit über die qualitative Dünnschichtchromatographie der wichtigsten Monosaccharide wird im nachstehenden Artikel ein Überblick über die Versuche zur quantitativen Bestimmung der dünnschichtchromatographisch getrennten Zucker gegeben.

Kurze Mitteilungen

DK 677.494.675'126:677.014.87:677.014.845:537.533.35:677.017.4

Dumitrescu, Svetlana, Theil, Ingeborg, und *Leanca, Mihai*

Untersuchung der übermolekularen Struktur einiger fadenbildender Polymerer
2. Mitt.: Untersuchung der übermolekularen Struktur von Polyamid 6

Faserforsch. u. Textiltechnik/Z. Polymerforsch. **25** (1974) 6, S. 271–273. 3 Abb., 1 Tab., 5 Lit.

Neue Bücher S. 273–276.

Die Spaltung von Polymermischungsfolien – ein neuer Weg zur Herstellung von Folienfaserstoffen

Werner Jakob, Christoph Michels, Hartmut Franz) und Werner Berger**)*

*) *VEB Chemiefaserkombinat Schwarza „Wilhelm Pieck", Rudolstadt-Schwarza, und*

**) *Technische Universität Dresden, Sektion Chemie*

DK 677.494/[Bikomp.]:677.021.127:678.675–416:678.674–416:677.017.8:65.011.4

Ausgehend vom Stand der Technik, der Herstellung von Folienfaserstoffen aus Polypropylen und Niederdruckpolyäthylen werden die Voraussetzungen und die Realisierungsmöglichkeiten zur Herstellung von Folienfaserstoffen aus Polymermischungsfolien, vorzugsweise auf Basis Polyamid und Polyester, abgeleitet. Im einzelnen werden folgende Detailprobleme diskutiert:

Fragen der Definition der Folienfaserstoffe,
Voraussetzungen für die Spaltbarkeit von Polymerfolien,
Herstellung und Verarbeitung der Polymermischungen
textil-physikalische Charakterisierung der Folienfaserstoffe aus Polymermischungen und
vergleichende ökonomische Betrachtungen zur Folientechnologie und den klassischen Verfahren der Chemiefaserstoffherstellung.

Расщенление пленок из смесей полимеров — новый путь получения пленочных нитей

Исходя из уровня современной техники получения пленочных нитей из полипропилена и полиэтилена низкого давления установлены предпосылки и возможности реализации производства пленочных нитей из смесей полимеров, преимущественно на основе полиамида и полиэфира. В частности обсуждаются следующие проблемы:

Вопросы определения понятия ,,пленочные нити,,,
предпосылки фибрилляции полимерных пленок,
физико-механические свойства пленочных нитей из смесей полимеров,
экономическое сравнение нового технологического способа с классическими методами производства химических волокон.

The Splitting of Films of Polymer Blends — A new Method fro the Preparation of Split Fibers

Based on the present technology and the procedure of preparing split fibers from polypropylene and low pressure polyethylene films the conditions and possibilities of realization for the preparation of split fibers from polymer blends, particularly from polyamides and polyester, are established. The following details are discussed:

definition of split fibres,
conditions of splitting polymer films,
preparation and processing of polymer blends,
textile-physical characterization of split fibers from polymer blends and
comparative economical considerations of the splitting technology and the conventional preparation methods of man-made fibers.

1. Einleitung

In der jüngsten Vergangenheit wurde die Chemiefaserstoffherstellung und -verarbeitung um eine neue technologische Richtung — der Herstellung von Folienfaserstoffen — bereichert.

Obwohl Versuche zur Verwendung von Polymerfolien zur Herstellung von Faserstoffen bis in die Anfänge der 50er Jahre [1] zurückgehen, führten sie nicht zum Erfolg, da die zur Verfügung stehenden Polymeren sowie der allgemeine Erkenntnisstand der Polymerchemie und -physik nicht ausreichten.

Erst mit der Schaffung der großtechnischen Synthese zur Herstellung von taktischen Polyolefinen waren die Voraussetzungen für die Herstellung von Faserstoffen aus Polymerfolien gegeben. Unter Nutzung von Polypropylen und Niederdruckpolyäthylen als Rohstoff wurden in kurzer Zeit Vorrichtungen und Verfahren zur Herstellung von Foliefäden und Foliefasern mit Multifil- oder Netzwerkcharakter geschaffen, die besonders im Bereich der technischen Textilien Eingang gefunden haben. Eine Bereicherung erfuhr die Folientechnologie durch die Direktverarbeitung der Folie zum Flächengebilde [2, 3].

Die ökonomischen Vorteile dieser Technologien im Vergleich zu den klassischen Verfahren wurden von *Nott* [4] und *Michels* [5] gegenübergestellt. Obwohl sich die Folienfaserstoffe aus Polyolefinen einen festen Platz im Bereich der Chemiefaserstoffherstellung und -verarbeitung erobert haben, zeigen sich ihre Grenzen in der Anwendung durch die Einschränkung in der Rohstoffpalette auf die Polyolefine. Trotz verschiedener Publikationen [6, 7, 8] zur Erweiterung der Rohstoffbasis auf die Polyamide und Polyester sind bisher keine großtechnischen Anwendungen bekannt geworden. Die genannten Veröffentlichungen beinhalten vorwiegend Variationen der Verfahrenstechnik, um diese den Eigenschaften der Polyamide und Polyester anzupassen. Versuche, um die Polyamide und Polyester durch Veränderung ihrer Eigenschaften der Folientechnologie zugänglich zu machen, wurden nur selten beschrieben [9, 10, 11].

Die Bedeutung der Folienfaserstoffe wird aber künftig davon abhängen, in welchem Maße es einerseits gelingt, die Rohstoffbasis um die Polyamide und Polyester zu erweitern und andererseits weitere Verfahren zur Direktverarbeitung von Folien zu Flächengebilden zu schaffen.

Ergebnisse zur Lösung des ersten Problems stehen im Mittelpunkt der folgenden Betrachtungen.

2. Definition der Folienfaserstoffe

In der relativ kurzen Entwicklungsgeschichte der Foliefaserstoffe wurde eine Vielzahl von Begriffen geprägt, die nicht in jedem Falle eindeutig sind und oft zu Mißverständnissen führten. Aus diesem Grunde wird im folgenden der Versuch einer Definition der wichtigsten Begriffe vorgenommen. Hierbei muß zwischen den verfahrenstechnischen Begriffen Folienextrusion, Folienreckung und Folienspaltung mit der Unterteilung in die Fibrillierung und Kapillarisierung sowie den stofflichen Begriffen Foliefaserstoffen mit der Unterteilung in Foliefäden, Foliefasern und textile Foliebahnen unterschieden werden. Die genannten Begriffe sind folgendermaßen definiert:

Folieextrusion
Unter Folieextrusion versteht man die thermoplastische Verformung von Polymeren zu Folien.

Foliereckung
Unter Foliereckung versteht man die ein- oder mehrachsige Orientierung thermoplastischer Polymerfolien.

Foliespaltung
Unter Foliespaltung versteht man die Fibrillierung bzw. Kapillarisierung von Polymerfolien unter dem Einfluß einer äußeren Spannung.

Fibrillierung
Unter Fibrillierung versteht man das Spalten einer orientierten Polymerfolie zu Foliefaserstoffen mit Netzwerkstruktur.

Kapillarisierung
Unter Kapillarisierung versteht man das Spalten einer Polymerfolie zu Foliefaserstoffen mit Monofil- bzw. Multifilcharakter.

Foliefaserstoffe
Unter Foliefaserstoffen versteht man Foliefäden, Foliefasern und textile Foliebahnen.

Foliefäden
Unter Foliefäden versteht man Fäden mit Monofil-, Multifil- oder Netzwerkstruktur, die durch Spalten einer Polymerfolie entstehen.
In Abhängigkeit von der Art der Folienspaltung hat man zwischen kapillarsierten bzw. fibrillierten Foliefäden zu unterscheiden.

Foliefasern
Unter Foliefasern versteht man Fasern, die durch Schneiden oder Reißen einer fibrillierten bzw. kapillarisierten orientierten Polymerfolie entstehen.

Textile Foliebahnen
Unter textilen Foliebahnen versteht man spaltbare orientierte Polymerfolien.

Bei Verwendung der genannten Definitionen ist es praktisch möglich, alle Verfahren zur Herstellung von Foliefaserstoffen sowie die resultierenden Produkte eindeutig zu charakterisieren. Eine zusätzliche Unterteilung der Foliespaltung in die kontrollierte und statistische Fibrillierung bzw. Kapillarisierung ist in besonderen Fällen vorteilhaft, aber nicht grundsätzlich notwendig, da abgesehen von der Verteilung der Feinheit keine neuen Produkte entstehen.

3. Theoretische Grundlagen

Ausgehend von der Definition der Folienspaltung, ist praktisch jede orientierte Polymerfolie spaltbar, wenn eine äußere Spannung σ_S angelegt wird, die größer als die Reißspannung σ_Q in Querrichtung und kleiner als die Reißspannung σ_L in Längsrichtung ist. Es gilt also

$$\sigma_Q < \sigma_S < \sigma_L, \qquad (1)$$

Die Spaltbarkeit wird ein Optimum erreichen, wenn für $\sigma_Q < \sigma_S$ das Verhältnis

$$\frac{\sigma_L}{\sigma_Q} \gg 1 \qquad (2)$$

wird. Die mechanischen Größen σ_Q, σ_L und σ_S sind stoffspezifisch und feinheitsunabhängig. Betrachtet man dagegen die entsprechenden Kräfte unter den Bedingungen der Foliespaltung, so ist die Spaltkraft P_S und die Reißkraft in Querrichtung P_Q feinheitsunabhängig, die Reißkraft in Längsrichtung P_L jedoch nicht. Unter Berücksichtigung dieses Tatbestandes ist es leicht verständlich, daß für die Herstellung von Foliebändchen praktisch alle orientierbaren Polymerfolien verwendet werden können, da für diese Feinheitsbereiche die Spaltkraft P_S die Reißkraft P_L nicht übersteigt.

Bei der Bildung feinerer Feinheiten, wie sie bei der Fibrillierung und Kapillarisierung im allgemeinen üblich sind, übersteigt in vielen Fällen P_S die Reißkraft P_L und es kommt zum Bruch der Folie. Dieses Verhalten wird noch begünstigt durch den Umstand, daß fibrillierte Folien für σ_L ca. 50% tiefere Werte liefern, als die unfibrillierte Folie. Diese Erscheinung ist dadurch bedingt, daß beim Belastungsversuch der Bruch an der schwächsten Stelle einsetzt und sich verständlicherweise Störstellen in fibrillierten Folien stärker auswirken als in der nicht-fibrillierten Probe. Da σ_S, σ_Q und σ_L in funktionalem Zusammenhang mit den molekularen und übermolekularen Eigenschaften eines Polymeren stehen, muß die Spaltbarkeit zwangsläufig eine stoffspezifische Eigenschaft sein. Vergleicht man die für die Faserstoffherstellung interessierenden Polymeren hinsichtlich ihrer Spaltbarkeit, so findet man folgende Abstufung:

$$\text{PA} \leqq \text{PE} \ll \text{NPT} \leqq \text{PP}.$$

Unter den gegenwärtigen technologischen Bedingungen sind die Polyolefine der Fibrillierung zugänglich und die Polyamide und Polyester nicht. Zur Klärung dieser Unterschiede ist es notwendig, die molekularen und übermolekularen Eigenschaften der orientierten Polymerfolien zu vergleichen.

Hierbei ergeben sich, qualitativ betrachtet, folgende Abstufungen:

1. Orientierung
$$\text{PA} \leqq \text{PE} < \text{NPT} \leqq \text{PP},$$
2. Ordnungsgrad
$$\text{PA} < \text{PE} < \text{NPT} \leqq \text{PP},$$
3. Tendenz zur Ausbildung fibrillarer Strukturen
$$\text{PA} < \text{PE} < \text{NPT} < \text{PP},$$
4. Zwischenmolekulare Wechselwirkungen
$$\text{PA} > \text{PE} \gg \text{NPT} \geqq \text{PP}.$$

Aus den genannten Zusammenhängen läßt sich ableiten, daß die Beziehung (1) und (2) für Polymerfolien erfüllt wird, wenn

hohe Orientierung,
hoher Ordnungsgrad,
gute Fibrillenstruktur und
minimale zwischenmolekulare Wechselwirkungen

vorliegen; d. h., die zu spaltende Polymerfolie muß in ihren Eigenschaften eine erhebliche Anisotropie aufweisen, was in einem hohen Wert für das Verhältnis σ_L/σ_Q zum Ausdruck kommt. Für eine quantitative Betrachtung ist es sinnvoll, die Spannungen σ_L und σ_Q durch die Elastizitätsmoduli E_L und E_Q zu ersetzen.

Da anisotrope Stoffe einen heterogenen Aufbau zeigen, muß man annehmen, daß bei den fibrillierbaren Polymerfolien wie NPT- und PP-Folie eine mikroheterogene Struktur vorliegt und die Spaltung zwischen den Phasengrenzflächen der Fibrillen einsetzt. Da in den Polyamiden und Polyestern unter den gegebenen technologischen Bedingungen derartige strukturelle Voraussetzungen nicht erzeugt werden können, liegt der Schluß nahe, durch Zumischung anderer Komponenten ein System mit mikroheterogener Struktur zu schaffen, bei dem die Phasengrenzflächen wiederum den Ausgangspunkt für die Folienspaltung bilden. Solche Systeme werden als Matrix-Fibrillensysteme bezeichnet.

An die Komponenten zur Herstellung spaltbarer Folien des Matrix-Fibrillentyps sind folgende Forderungen zu stellen:

1. Keine Mischbarkeit der beiden Komponenten als Voraussetzung für die Ausbildung des Zweiphasensystems,
2. gute Dispergierbarkeit der Komponenten,
3. Reckbarkeit der Komponenten unter annähernd gleichen Bedingungen,
4. geringe zwischenmolekulare Wechselwirkungen zwischen den Phasengrenzflächen als Voraussetzung für eine gute Spaltbarkeit.

Durch diese Randbedingungen erfährt die Vielzahl der möglichen Varianten eine erhebliche Einschränkung. Trotzdem konnte eine Reihe von Systemen mit Polyamid bzw. Polyester als Matrix gefunden werden, die zu textilen Produkten mit guten Eigenschaften verarbeitbar sind.

Neben diesen allgemeinen Betrachtungen der Systeme sind natürlich das Mischungsverhältnis und der erreichbare Dispersionsgrad von großer Bedeutung, wobei der Dispersionsgrad eine Funktion der Viskosität, der Oberflächenspannung und der maschinentechnischen Parameter ist.

Die Spaltbarkeit einer Polymerfolie wird in entscheidendem Maße durch den Dispersionsgrad — minimale zwischenmolekulare Wechselwirkungskräfte vorausgesetzt — bestimmt, da die Größe der Oberfläche der dispersen Phase in der ungereckten Folie dem Dispersionsgrad proportional ist und diese ein Optimum betragen sollte.

Eine weitere Vergrößerung der Oberfläche erfolgt durch die Reckung, da die Fibrillen zunehmend von der Kugelgestalt mit minimaler Oberfläche abweichen. Die Ausbildung maximaler Grenzflächen zwischen den Phasen ist notwendig, da die Fibrillierung beispielsweise mit Nadelwalzen einen statistischen Vorgang darstellt und für jeden Nadeleinstich eine Phasengrenzfläche zur Spaltung zur Verfügung stehen muß. Hieraus ist abzuleiten, daß die Anzahl der vorhandenen Phasengrenzflächen wesentlich größer sein muß als die Anzahl der einstechenden Nadeln, damit die Wahrscheinlichkeit für das Antreffen einer Phasengrenzfläche durch eine Nadel sehr groß ist.

Versucht man den Zusammenhang zwischen dem Grad der Spaltbarkeit und dem Mischungsverhältnis qualitativ darzustellen, so sind grundsätzlich zwei Fälle zu unterscheiden:

1. Die Matrix wird durch ein natürlich spaltbares Polymeres gebildet, und die disperse Phase ist ein natürlich nichtspaltbares Polymeres;
2. Matrix und disperse Phase stellen natürlich nichtspaltbare Polymere dar.

Der zu erwartende Kurvenverlauf wird in den Bildern 1a und 1b bzw. 1c und 1d wiedergegeben.

Bild 1a beginnt bei der Fibrillierneigung des natürlich spaltbaren Polymeren. Durch Zumischung der Komponente B werden zusätzliche Grenzflächen ausgebildet. Unter der Voraussetzung, daß die zugeführte Dispersionsenergie ausreicht, immer den gleichen Dispersionsgrad aufrecht zu erhalten, steigt die Spaltbarkeit bis zum Beginn der Phasenumkehr. Im Phasenumkehrbereich ist die Kurve unstetig. Nach Verlassen des Phasenumkehrbereiches bildet die Komponente B die Matrix, und mit Abnahme des Stoffes A sinkt die Fibrillierneigung auf Null für $c_B = 100\%$.

Bild 1b stellt den in der Praxis üblichen Fall dar. Der Kurvenzug beginnt bei der Fibrillierneigung des natürlich spaltbaren Polymeren. Mit Zumischung der Komponente B findet eine Erhöhung der Fibrillierneigung entsprechend der Bildung zusätzlicher Grenzflächen statt. Bei Konzentrationen von ca. 20 bis 30% des Stoffes B wird ein Maximum gebildet, und die Fibrillierneigung erreicht beim Beginn der Phasenumkehr den Ausgangswert. Im Phasenumkehrbereich liegt wieder Unstetigkeit vor, und danach folgt ein analoger Kurvenzug auf entsprechend niederem Niveau, der bei $c_B = 100\%$ wieder in den Wert Null mündet.

Dieser Kurvenverlauf ergibt sich dadurch, daß ein Extruder bei konstanter Drehzahl eine bestimmte Dispersionsenergie der Schmelzemischung zuführt. Ab einer bestimmten Konzentration der Komponente B reicht diese Dispersionsenergie jedoch nicht mehr aus, und es kommt trotz Erhöhung der Konzentration der Komponente B zu einer Abnahme der Grenzflächen und damit zu einer verminderten Fibrillierbarkeit.

Die Bilder 1c und 1d zeigen analoge Kurvenzüge für das System aus zwei natürlich nichtspaltbaren Polymeren. Der Unterschied besteht nur darin, daß für $c_B = 0\%$ und $c_B = 100\%$ die Kurve in Null beginnt bzw. endet.

Der Phasenumkehrbereich, der in allen vier Bildern willkürlich für $c_B = 50 \pm 10\%$ angegeben wurde, ist für jedes System verschieden und liegt zwischen 25 und 75% der Komponente B. Die Breite des Phasenumkehrbereiches wird für ein bestimmtes System geringer mit steigend zugeführter Dispersionsenergie und für konstante Dispersionsenergie geringer mit fallender Viskosität.

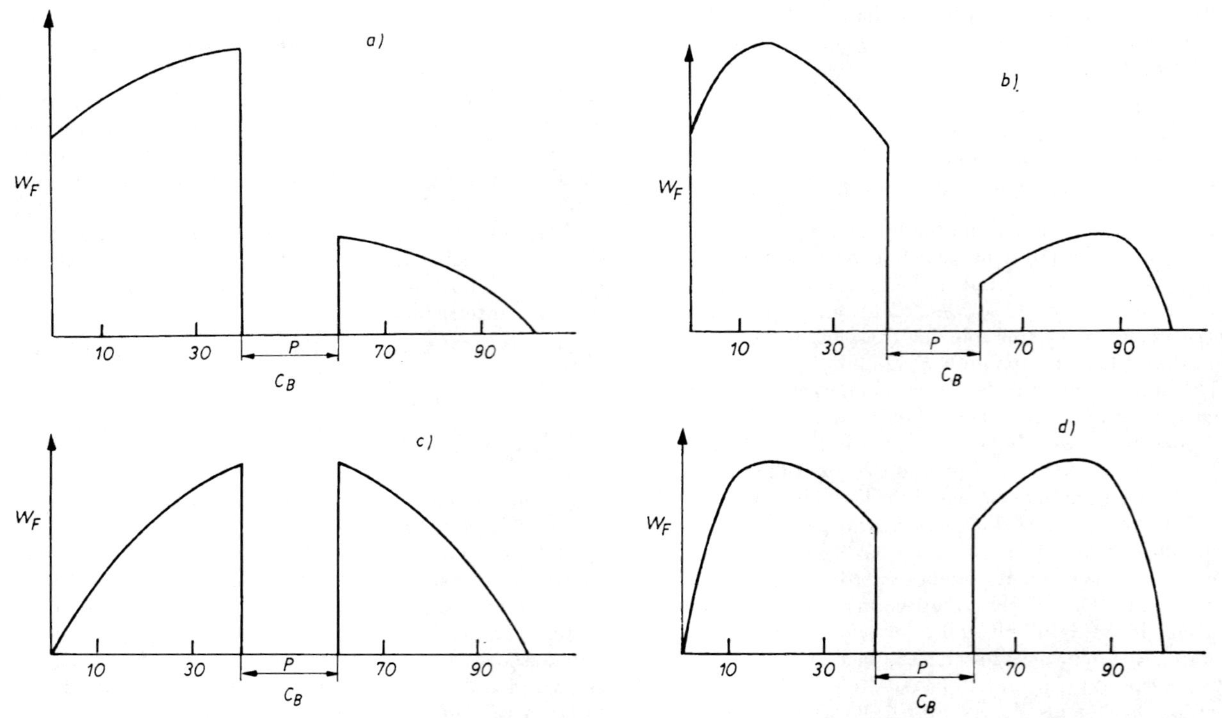

Bilder 1a bis d. Zusammenhang zwischen dem Grad der Spaltbarkeit und dem Mischungsverhältnis (Erläuterungen siehe Text)

Aus den diskutierten Abhängigkeiten ist ersichtlich, daß die richtige Auswahl des Polymerensystems, seiner Zusammensetzung und seiner Verarbeitungsbedingungen ein äußerst vielschichtiges Problem darstellt.

4. *Verfahren zur Herstellung und Verarbeitung von Polymermischungsfolien*

Die Herstellung von Folienfaserstoffen aus Polymermischungsfolien ist durch die Verfahrensstufen

Folieextrusion,
Foliereckung
Foliespaltung und
textile Verarbeitung

gekennzeichnet. Mit Einschränkung bei der Folieextrusion erfolgt die Durchführung der Verfahrensstufen mit den gleichen apparativen Ausrüstungen, wie sie von der Polyolefinverarbeitung her bekannt sind. Die Einschränkungen bei der Folieextrusion beziehen sich auf die Nichtanwendbarkeit des Blasverfahrens, d. h., die Polymermischungsfolien auf Basis Polyamid und Polyester werden nach dem Breitschlitzdüsenverfahren hergestellt.

Die Reckung kann sowohl in Bändchenform über Kontaktwärmer bzw. Heizluftkanäle als auch in der gesamten Breite über Walzenreckanlagen erfolgen.

Für die Fibrillierung bzw. Kapillarisierung können Nadelwalzen, Prägevorrichtungen, Messerbalken, Ultraschall usw. angewendet werden. Die textile Weiterverarbeitung erfolgt nach den bekannten Verfahren wie Texturieren, Weben, Wirken, Nähwirken usw.

In Analogie zur reinen Polyolefinverarbeitung ist auch hier den Verfahren der Direktverarbeitung der Folie zu textilen Flächengebilden der Vorzug zu geben.

5. *Charakterisierung der Foliefaserstoffe*

Die Charakterisierung der Foliefaserstoffe hinsichtlich ihrer textil-physikalischen und Verarbeitungseigenschaften ist sehr komplex, da die Matrix Polyamid bzw. Polyester durch die Zusatzkomponenten verändert wird und jedes Mischungsverhältnis praktisch wie ein eigenständiges Polymeres betrachtet werden muß. Aus diesem Grunde können die Eigenschaften nur qualitativ beschrieben und die Tendenzen ihrer Veränderungen angezeigt werden.

5.1. *Feinheit*

Der Feinheitsbereich für die Foliefäden hinsichtlich Gesamtfeinheit liegt zwischen 100 und 1000 tex. Obwohl niedere Feinheiten bis ca. 30 tex durchaus erreichbar sind, ist ihre Erzeugung gegenwärtig aus ökonomischen Gründen nicht sinnvoll. Eine Verfeinerung bis in diese Größenordnungen wird erst dann interessant, wenn die Geschwindigkeiten für Reckung und Spaltung die Größenordnung 300 bis 400 m/min erreicht hat. Ob diese Geschwindigkeiten perspektivisch möglich sein werden, kann heute nicht beantwortet werden. Hinsichtlich Fibrillen- bzw. Kapillarenfeinheit werden gegenwärtig ca. 2 tex, ausgehend von einer 20 µm-Folie, erreicht. Hierbei ist zu bemerken, daß die Einzelfeinheit der Faserelemente in Foliefaserstoffen nicht unmittelbar mit der von Fasern bzw. Elementarfäden der klassischen Chemiefaserstoffe zu vergleichen ist, da die geometrischen Abmessungen des Querschnitts berücksichtigt werden müssen. Handelt es sich bei den klassischen Chemiefaserstoffen in erster Näherung um runde Querschnitte, so sind es bei den Foliefaserstoffen durchweg rechteckige Querschnitte. Hieraus folgt, daß zwar eine formale Übereinstimmung der Feinheiten vorliegen kann, die Eigenschaften der Fäden aber, bedingt durch die unterschiedliche Querschnittform, stark voneinander abweichen können.

Die Gleichmäßigkeit der Feinheit innerhalb der Foliefäden und zwischen den Foliefäden liegt zwischen den Syntheseseiden und den Fasergarnen.

5.2. Festigkeit und Dehnung

Die Foliefaserstoffe zeigen generell ein niedrigeres Festigkeitsniveau als die Synthesefaserstoffe aus Polyamid und Polyester, da einmal durch Zumischung der Fibrillenkomponente Störstellen in der tragenden Matrix erzeugt werden und zum anderen die zweidimensionale Reckung zu niederen Werten für Orientierung und Ordnungsgrad führt. Bei Anwendung der Kontaktwärmer- bzw. Heißluftkanalreckung liegen die Festigkeiten im Bereich zwischen 20 und 35 p/tex und bei der Walzenreckung zwischen 15 und 25 p/tex. Die Dehnungswerte liegen für die Polyamidsysteme zwischen 10 und 60% und für die PE-Systeme zwischen 5 und 30%.

Die Kraft-Dehnungskurven zeigen weitgehend lineares Verhalten und liegen etwas tiefer als die der Homopolymeren. Durch geeignete Auswahl der Komponenten und ihrer Zusammensetzung sowie durch Variation der Verarbeitungsbedingungen können die Kraft-Dehnungslinien in gewissen Grenzen verändert werden.

5.3. Anfärbbarkeit und Lichtbeständigkeit

Durchgeführte Färbeversuche mit Säure-, Dispersions- und Metallkomplexfarbstoffen zeigen für Foliefaserstoffe auf Polyamid- und Polyesterbasis die annähernd gleiche Farbstoffaffinität wie die Homopolymeren. Die erreichte Farbtiefe unter gleichen Färbebedingungen ist für die Polyamidsysteme etwas geringer und für die Polyestersysteme praktisch gleich. Hinsichtlich der Farbechtheit bestehen keine Unterschiede zu den Homopolymeren.

Die Lichtbeständigkeit, die besonders für die Verarbeitung der Foliefaserstoffe auf Polyesterbasis von Interesse ist, zeigt gegenüber reinen Polyesterfaserstoffen keine negative Veränderung, wie Belichtungsversuche im Xenotest gezeigt haben.

5.4. Scheuerverhalten

Auf Grund der Fibrillierneigung der Foliefaserstoffe ist eine verminderte Scheuerfestigkeit zu erwarten. Durchgeführte Prüfungen auf Kanten- und Flächenscheuerung an Geweben und Nähgewirken aus Foliefäden auf Polyamid- und Polyesterbasis haben aber gezeigt, daß gegenüber vergleichbaren Flächengebilden aus reinen Polyamid- bzw. Polyesterfaserstoffen sich keine negativen Auswirkungen zeigen. Teilweise wurde sogar ein besseres Scheuerverhalten beobachtet.

5.5. Textile Verarbeitung

Die Foliefäden zeigen bei der Texturierung nach dem Stauchkammerverfahren gute Verarbeitungseigenschaften. Die erreichbaren Werte für Einkräuselung und Kräuselungsbeständigkeit entsprechen denen von Polyamid- bzw. Polyesterseiden. Die Verarbeitung der Foliefäden, glatt oder texturiert, durch Weben, Wirken oder Nähwirken ist ohne Schwierigkeiten möglich. Eine Direktverarbeitung der textilen Foliebahnen zu Flächengebilden wurde nach neuen Verfahren erfolgreich durchgeführt.

6. Ökonomische Betrachtungen

Zur Beurteilung der Wirtschaftlichkeit der Verfahren zur Foliefaserstoffherstellung sind die Faktoren

Arbeitsproduktivität,
Selbstkosten,
Investitionskosten und
Energiebedarf

von besonderer Bedeutung.

Eine globale Einschätzung dieser Faktoren im Vergleich zu den klassischen Verfahren ist sehr schwierig, da sich sowohl bei den Foliefaserstoffen wie auch bei den klassischen Verfahren verschiedene technologische Richtungen herausgebildet haben und ein Vergleich nur dann real ist, wenn ähnliche Produkte miteinander verglichen werden.

So zeigt die folgende Tabelle eine Gegenüberstellung für fibrillierte Foliefäden auf Polyamidbasis 1000 tex und Polyamidgrobseide 1000 tex, erzeugt nach klassischen Verfahren.

Kennziffer	PA-Grobseide	PA-Foliefaden
Arbeitsproduktivität t/AK u. a.	100%	280%
Selbstkosten M/t	100%	56%
Rohstoff		
Rohstoffkosten M/t	100%	100%
Investitionskosten M/t	100%	44%
Energieaufwand M/t	100%	31%

Die ökonomischen Daten für die Foliefäden zeigen eine starke Feinheitsabhängigkeit. Bei den gegenwärtigen Arbeitsgeschwindigkeiten liegt der Schnittpunkt von klassischen und Folieverfahren bei ca. 80 tex. Eine Verschiebung dieser Grenze zu geringeren Feinheiten wird in Abhängigkeit von der Erhöhung der Arbeitsgeschwindigkeit erfolgen.

Bei den Foliefasern sind die Probleme ähnlich gelagert, obwohl hier die technologischen Aspekte im Vordergrund stehen. Fasern mit grober Feinheit werden vorteilhaft nach dem Folieverfahren und feine Fasern nach den klassischen Verfahren erzeugt. Der Übergang zur Direktverarbeitung der textilen Foliebahnen zu Flächengebilden bringt erwartungsgemäß die größten Vorteile, da hier die Zwischenstufen der Faden- und Faserherstellung und Verarbeitung weitgehend entfallen. Die Fragen der Feinheitsabhängigkeit spielen dann eine untergeordnete Rolle. Die Arbeitsproduktivität liegt im Vergleich zu klassischen Verfahren bei ca. 400%.

7. Zusammenfassung

Ausgehend vom allgemeinen Stand der Foliefaserstoffe, werden ein Vorschlag zur Definition der verfahrenstechnischen und stofflichen Begriffe unterbreitet, die theoretischen Grundlagen zur Herstellung von Foliefaserstoffen aus

Polymermischungsfolien erläutert, Verfahren zu ihrer Herstellung beschrieben, die textil-physikalischen und Verarbeitungseigenschaften betrachtet und die ökonomischen Aspekte diskutiert.

Literatur

[1] *Krässig, H.:* Vortrag auf der XI. Textiltechnischen Tagung im November 1971 in Dresden.
[2] *Krässig, H.:* Lenzinger Ber., Lenzing/Österr. (1971) 32, S. 81—88.
[3] *Plammer, A.:* Lenzinger Ber., Lenzing/Österr. (1971) 31, S. 38—41.
[4] *Nott:* Technische Textilien **16** (1973) 2, S. 48.
[5] *Michels, Ch.:* Dt. Textiltechnik **22** (1972) 7, S. 410—414.
[6] AKZO BRD-OS 1913185.
[7] AKZO BRD-OS 1660164.
[8] Kanegafuchi Bosek: BRD-OS 2056282.
[9] Nino GmbH BRD, BRD-OS 2044633.
[10] Firmenschrift der Firma Reifenhäuser KG Maschinenfabrik Troisdorf 1972.
[11] *Michels, Ch.:* Vortrag auf dem „Wissenschaftlichen Kolloquium über Folieherstellung und Verarbeitung" im Februar 1973 in Dresden.

Eingegangen am 21. Januar 1974

Untersuchung der Fadenbildung aus Gemischen von Polyvinylchlorid mit verschiedenen Polymeren

V. D. Fichman, L. S. Krasil'nikova und M. S. Mežirov

Allunionsforschungsinstitut für Synthesefasern, Kalinin/UdSSR

DK 677.494.[Bikomp.]:677.494.743.22:532.696.22:677.021.125.26—913.3:541.18.04:677.021.125.271:677.017.285

Zusätze von Polymeren, die in Dimethylformamid nicht mit Polyvinylchlorid mischbar sind, beschleunigen die Diffusion des Fällmittels (Wasser) in die sich formierende Struktur der Spinnlösung und verzögern die Bildung der Gelstruktur. Es entstehen Fasern mit kleineren Poren und höherer Diffusionsdurchdringbarkeit, die eine größere Geschwindigkeit beim Waschen und Färben der Fäden „im Gelzustand" gestatten, andererseits werden die gedehnten Fasern beim Trocknen durch Kräfte der Kapillarkontraktion verdichtet.
Für die Untersuchungen wurde die Wärmeimpulsmethode angewendet; für den modifizierenden Einfluß des Polymerzusatzes wird ein Mechanismus vorgeschlagen.

Исследование формования волокон из смесей поливинилхлорида с различными полимерами

Добавление полимеров, не совместимых с поливинилхлоридом в диметилформамиде, приводит к ускорению диффузии осадителя (вода) в формуюмуюся структуру прядильного раствора и замедлению образования гелевой структуры. При этом получаются волокна с порами меньших размеров и повышенной диффузионной проницаемостью, позволяюшие проводить процессы промывки и крашения свежесформованных волокон при более высокой скорости. С другой стороны, вытянутые волокна в процессе сушки подвергаются уплотнению в результате капиллярной контракции. Для исследований использовался метод теплового импульса. Предлагается механизм модифицирующего влияния добавки другого полимера.

Investigation of Fiber Formation from Polyvinylchloride blended with Various Polymers

Addition of polymers being not miscible with polyvinylchloride in dimethylformamide accelerate the diffusion of the coagulation agent (water) into the structure being formed from the spinning solution and inhibite the formation of the gel structure. Thus, fibers with micropores and high permeability are formed, which show high rate of dyeing in the gel state, but aquire, due to capillar contraction forces, a more dense structure on drying in the stretched state. The investigations were carried out by the heat impulse method. A mechanism is proposed for the modifying effect of the added polymer.

1. Einleitung

Durch die Verwendung von Gemischen zweier oder mehrerer Polymerer anstelle eines einzigen zur Herstellung von Fasern ergibt sich die Möglichkeit zur Modifizierung verschiedener Fasereigenschaften. Der Zusatz eines zweiten Polymeren zu einer Spinnlösung oder -schmelze bewirkt Änderungen der chemischen Zusammensetzung sowie der Formungsbedingungen und Struktur der Fasern. Die physikalischen Eigenschaften von Fasern aus Polymergemischen sind in der Regel keine additive Funktion der Zusammensetzung; man kann die aus dem Übergang von der Lösung eines Polymeren zur Lösung einer Polymermischung resultierende Modifizierung der Fasereigenschaften heute noch nicht sicher voraussagen. Das liegt an dem ungenügenden Interesse, das man bisher den Auswirkungen von Veränderungen der Zusammensetzung einer Spinnlösung auf Formungsbedingungen und Strukturausbildung der Fasern in einzelnen Phasen des Herstellungsprozesses gewidmet hat.

Solche Untersuchungen halten wir bei der Ausarbeitung von Verfahren zur gezielten Modifizierung verschiedener physikalischer Fasereigenschaften für unumgänglich, außerdem gestatten sie ein tieferes Eindringen in die Gesetzmäßigkeiten der Faserbildung.

Es ist bekannt [1], daß der Zusatz einiger Polymerer zu Spinnlösungen von Polyvinylchlorid (PVC) in Dimethylformamid (DMF) bei unveränderten äußeren Naßspinnbedingungen wesentliche Veränderungen der Makrostruktur der Fasern bewirkt, z. B. der Form und Homogenität des Faserquerschnittes, der Porosität usw.

Die Strukturunterschiede modifizierter und nichtmodifizierter Fasern werden vor allem nach dem Trocknen der gereckten Fasern merklich. Es war jedoch von vornherein klar, daß die Modifizierung der Faserstruktur bereits in einem früheren Stadium des Prozesses beginnt. Deshalb untersuchten wir den Einfluß von Polymeren, die zur Spinnlösung von PVC in DMF zugesetzt wurden, auf Besonderheiten hinsichtlich Bildung und Struktur der Fasern in verschiedenen Abschnitten des Faserbildungsprozesses, beginnend mit der Koagulation der Lösungen im Fällbad. Die ersten Ergebnisse dieser Untersuchungen sind Inhalt der vorliegenden Arbeit.

2. *Experimenteller Teil*

2.1. *Ausgangssubstanzen*

In Tabelle 1 sind die zur Faserherstellung benutzten Polymeren mit einigen ihrer Eigenschaften angegeben. Die Stabilität der Polymerlösungen gegenüber dem Fällmittel wurde aus der Größe der jeweiligen Fällungsschwelle abgeschätzt. Diese Werte wurden durch turbidimetrische Titration 1%iger Polymerlösungen in DMF und Wasser ermittelt; als Fällungsschwelle wird die Grenzkonzentration an Fällmittel in der Polymerlösung bezeichnet, bei der ein Niederschlag auftritt.

Für alle Untersuchungen wurde „DMF chemisch rein" verwendet.

2.2. *Spinnlösungen*

Die Spinnlösungen wurden durch gemeinsames Auflösen von PVC und Zusatzpolymeren in DMF bei 100 °C hergestellt. Die erhaltenen Lösungen wurden nach dem Abkühlen auf 70 °C filtriert und entgast. Die Massekonzentration der Polymeren in der Lösung betrug in allen Fällen 20%, das Verhältnis von PVC zum Zusatzpolymeren 90:10.

Wie auch aus Tabelle 1 ersichtlich ist, war die Mehrzahl der Spinnlösungen von Polymerkompositionen getrübt. Das ist ein direkter Hinweis auf eine Nichtmischbarkeit der jeweiligen Polymeren mit PVC in DMF. Es ist aber bekannt [2], daß die Nichtmischbarkeit von Polymeren in Lösung für die Fasergewinnung kein Hindernis darstellt. Es ist lediglich notwendig, daß die Lösungen stabil genug sind und bis zur Koagulation keine Phasentrennung erleiden.

Zur Kontrolle wurden die Lösungen in 40 cm hohe Glaszylinder gefüllt, und sowohl visuelle Beobachtungen als auch die Bestimmung der Systemzusammensetzung in Abhängigkeit von der Flüssigkeitshöhe ergaben an keinem der untersuchten Systeme einen Hinweis auf eine Tendenz zur Phasentrennung, solange das gelöste PVC keine chemische Veränderung erlitt. Nach mehreren Tagen erst tritt bei 70 °C ein merklicher Abbau des PVC in DMF auf; diese

Tabelle 1. Eigenschaften der Polymeren

Nr.	Polymeres	Kettenaufbau	Abkürzung	rel. Molekülmasse	Fällungsschwelle	Eigenschaften der Lösungen aus Gemischen von PVC und Zusatzpolymeren 90:10
1	Polyvinylchlorid S-70	$-CH_2-CH(Cl)-$	PVC	90 000	3,0	—
2	Polystyrol	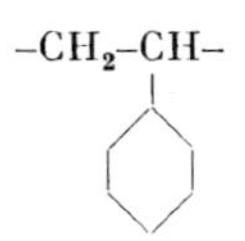	PS	300 000	2,2	trübe
3	Butadienacrylnitrilkautschuk (40% Acrylnitrilgruppen)	$-CH_2-CH=CH-CH_2-CH_2-CH(CN)-$	BAN	—	5,6	durchsichtig
4	Polymethylmethacrylat	$-CH_2-C(CH_3)(COOCH_3)-$	PMMA	90 000	8,2	durchsichtig
5	Copolymeres m- u. p-Phenylenisophthalamid 75:25	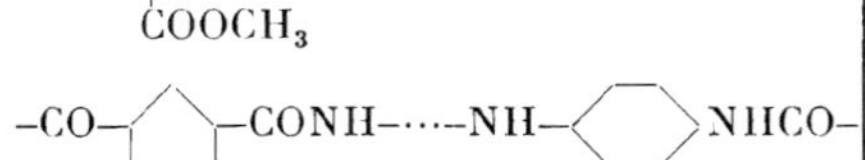	NHCO-CoPPA	90 000	15,0	trübe
6	Thiopolyvinylpyrrolidon (S-Gehalt 22%)	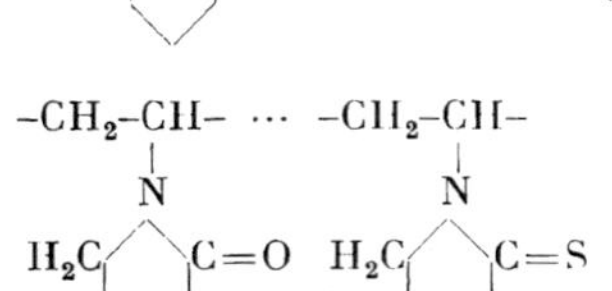	TPVP	20 000	15,4	trübe
7	Copolymeres aus Äthylenterephthalat und Kaliumsulfoisophthalsäure	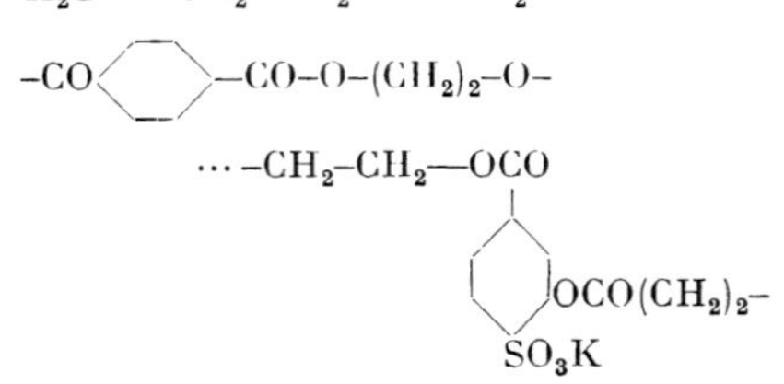	CoPÄTKSP	26 000		trübe

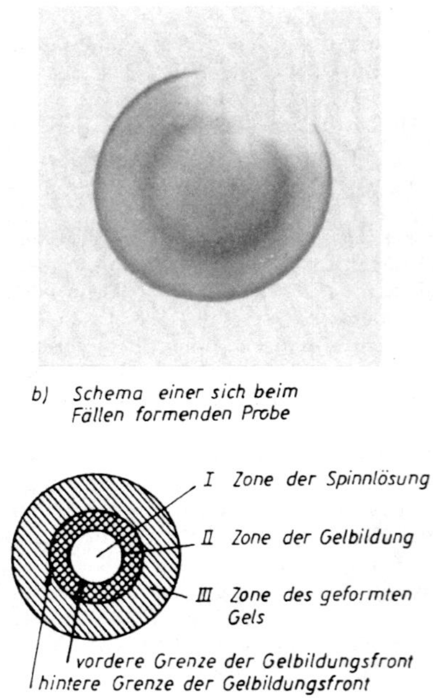

Bild 1. Querschnitt (a) und Schema (b) einer Probe bei der Koagulation mit einem Wärmeimpuls

Zeitspanne ist aber mehr als ausreichend zur Durchführung aller Operationen von der Lösungsvorbereitung bis hin zur Formung und Gewinnung von Fasern.

2.3. *Kinetik der Koagulation der Spinnlösungen*

Zur Untersuchung kinetischer Besonderheiten bei der Koagulation des Spinnlösungsstranges im Fällbad wurde die Hitzeimpulsmethode herangezogen [3]. Diese Methode beruht auf der Strukturabhängigkeit von Temperatur und optischen Eigenschaften des sich formenden Gels.

Obwohl dieses Verfahren auch zur Untersuchung der Koagulationskinetik realer Spinnlösungsstränge verwendet werden kann, ist für eingehendere Untersuchungen die Verwendung von Modellproben mit genügend großem Querschnitt bequemer. Die von uns angegebenen Resultate stammen von zylindrischen Proben mit einem Durchmesser von 3 mm. Nach dem Auspressen des Stranges in ein gekühltes Fällbad (10 °C) und verschieden langer Koagulationszeit wurden die Proben für 2 s in ein geheiztes Bad (70 °C) getaucht und danach wieder in das gekühlte Bad gebracht, wo sie bis zur Vollendung der Koagulation verblieben. Das Fällbad bestand aus 85% DMF und 15% Wasser.

Auf dem Querschnitt einer geformten Probe (Bild 1) ist eine ringförmige Zone zu erkennen, die durch die Veränderung der Gelstruktur beim Erhitzen entstand. Man kann annehmen, daß die vordere Front dieser Zone die beginnende Phasentrennung in der Spinnlösung darstellt und ihre Lage im jeweiligen Probenquerschnitt die Schwellenkonzentration des Fällmittels angibt.

Die hintere Front dieser Gelbildungszone wird durch denjenigen Formungsgrad der Gelstruktur bestimmt, bei dem sich Änderungen der äußeren Bedingungen nicht mehr auf die optischen Eigenschaften des Systems auswirken.

Unter diesen Voraussetzungen charakterisiert die Laufzeit der vorderen und hinteren Gelbildungsfront für jeden Querschnitt die Formungsdauer der Gelstruktur in der jeweiligen Probe.

Aus Bild 2 geht hervor, daß der Zusatz eines zweiten Polymeren zur PVC-Lösung das Vordringen der vorderen Gelbildungsfront beschleunigt. Die geringste Diffusionsbeschleunigung bewirkt ein Zusatz von Butadienacrylnitrilkautschuk (BAN; Nr. 3 in Tabelle 1). Die Effektivität dieser Wirkung von Polymerzusätzen korreliert mit der steigenden Stabilität ihrer Lösungen gegenüber Wasser. Das folgt aus dem Vergleich der Kurven in Bild 1 mit den Werten der jeweiligen Fällungsschwelle (s. Tabelle 1).

Die hintere Front der Gelbildungszone war gewöhnlich verwaschen, eine sichere Lagebestimmung war nur an Proben aus Lösungen von PVC sowie von PVC mit m-co-p-Phenylenisophthalsäureamid (CoPPA, Nr. 5 in Tabelle 1) möglich. Die Ergebnisse dieser Messungen sind in Bild 3 aufgetragen: der Zusatz von CoPPA beschleunigt das Vordringen sowohl der vorderen als auch der hinteren Koagulationsgrenze gegenüber reinem PVC. Gleichzeitig bewirkt die Anwesenheit dieses Polymerzusatzes in der Spinnlösung eine deutliche Verbreiterung der Gelbildungszone. Nach dem Kurvenverlauf in Bild 3 wurde die Koagulationsdauer für verschiedene Schichten der Probe bestimmt.

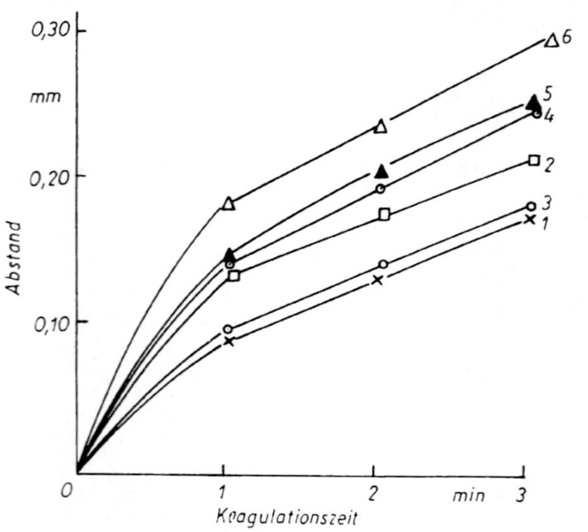

Bild 2. Abstand zwischen Probenoberfläche und vorderer Grenze der Gelbildungsfront nach verschiedenen Koagulationszeiten für eine Modellprobe PVC (Kurve 1) sowie PVC mit Polymerzusatz (die Kurvennummern entsprechen den Nummernbezeichnungen in Tabelle 1; dies gilt auch für alle übrigen Abbildungen).

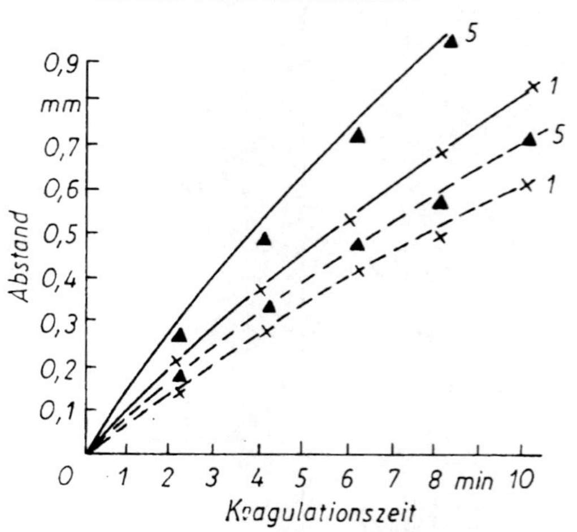

Bild 3. Abstand zwischen Probenoberfläche und vorderer (volle Linie) sowie hinterer (punktierte Linie) Grenze der Gelbildungsfront in Abhängigkeit von der Koagulationszeit

Aus Bild 4 geht hervor, daß die zur vollständigen Formung der Gelstruktur notwendige Zeit für Polymergemische in beliebigen Abständen von der Probenoberfläche bedeutend größer ist als die Gelbildungsdauer für PVC-Lösungen. Das heißt, beim Einbringen eines Zusatzpolymeren wird die Übergangsdauer des Systems von der Lösung zum Gel an jedem Punkt der Probe größer, ungeachtet der beschleunigten Fällmitteldiffusion.

2.4. Spannung im koagulierenden System

Die bei der Gelbildung auftretenden inneren Spannungen wurden qualitativ nach dem Druck abgeschätzt, den ein Tropfen Spinnlösung im Fällbad auf die ihn umgebende Oberfläche ausübt. Diese Methode wurde von *Mezirov* und *Pakšver* [4] im Detail beschrieben; unsere Ergebnisse sind in Bild 5 angegeben. Das Bild 5 zeigt, daß bei der Koagulation von Polymergemischlösungen geringere Drücke auftreten als bei der Koagulation reiner PVC-Lösungen. Nach dem Grad ihrer Einwirkung auf die Druckverminderung gegenüber reinem PVC angeordnet, ergibt sich für die Polymerzusätze die gleiche Reihenfolge wie für die Beschleunigung der Fällmitteldiffusion.

2.5. Formung der Faser

Formung und Reckung der Fasern erfolgten an einer Laborapparatur, wie sie von ***Fichman*** u. Mitarb. [5] beschrieben wurde. Als Fällbad diente eine wäßrige DMF-Lösung (85% DMF) bei 20°C. Es wurde eine Düsenplatte aus Platin mit 100 Öffnungen von je 0,08 mm Durchmesser verwendet. Die Auslaufgeschwindigkeit der Spinnlösung betrug 6,2 m/min, die Fadenabzugsgeschwindigkeit 5 m/min bei 1 m Weglänge des Fadens im Fällbad.

Zur Bestimmung der Polymerkonzentration in der frischgeformten Faser wurden von einer Aufnahmegalette Fäden entnommen und auf einer Laborzentrifuge von mechanisch anhaftender Fällbadflüssigkeit befreit. Der Polymergehalt der Faser ließ sich dann aus der Masse der geschleuderten und getrockneten Faser errechnen, wobei wir folgende Resultate erhielten:

Polymerzusatz (10% im PVC)	Polymergehalt der Faser (Masse-%)
PVC 100%	42,1
PS	45,0
BAN	39,7
PMMA	44,5
CoPPA	51,8
TPVP	43,2
CoPÄTKSP	45,1

2.6. Reckung

Die Fadenreckung erfolgte an der Luft bei Zimmertemperatur, wobei die Fadenspannung mit einem elektronischen Tensometer gemessen wurde. Bei verschiedenen Reckverhältnissen wurden Fadenproben entnommen und ihr Polymergehalt bestimmt, wie in 2.5 angegeben. Die Meßergebnisse sind in dem Bild 6 und 7 dargestellt. Aus Bild 6 geht hervor, daß die tensometrischen Kurven für Fasern aus reinem PVC sowie aus PVC mit CoPPA praktisch zusammenfallen (Bild 6a).

Beim Auftragen der Fadenspannung (Bild 6b) werden Unterschiede in den Deformationseigenschaften deutlich: beim Recken der modifizierten Fasern treten größere Spannungen auf; dies ist offensichtlich mit deren erhöhtem Polymergehalt und geringerem Querschnitt verbunden. Beim Recken erhöht sich der Polymergehalt als Folge eines teilweisen Austritts der übermolekularen Flüssigkeit (DMF/Wasser-Gemisch, Bild 7) aus den Fasern. Diese „erzwungene Synärese" [6] tritt bereits bei reinen PVC-Fasern auf, aber die modifizierten Fasern weisen nach dem Recken einen höheren Polymerengehalt auf als nichtmodifizierte.

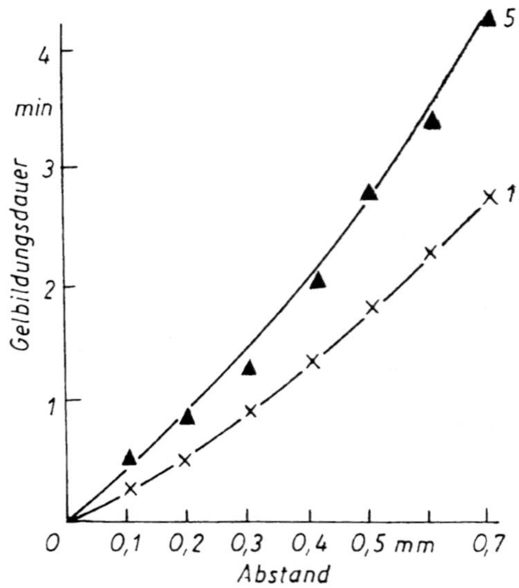

Bild 4. Gelbildungsdauer in Abhängigkeit vom Abstand zur Probenoberfläche

2.7. Extraktion

Tabelle 2 gibt die Ergebnisse von Messungen des DMF-Gehaltes in den Fasern nach deren Extraktion mit Wasser unter gleichen Bedingungen in Abhängigkeit von der Extraktionszeit wieder. Die Meßergebnisse wurden zur besseren Vergleichbarkeit in Relativwerten angegeben, wobei die Anfangskonzentration an DMF in der nichtextrahierten Faser gleich 100 gesetzt wurde.

Aus Tabelle 2 geht hervor, daß der Zusatz eines Polymeren zur PVC-Spinnlösung ein beschleunigtes Entfernen des Lösungsmittels (DMF) bewirkt. Dabei gilt für die Effektivität des Polymerzusatzes hinsichtlich dieser Extraktionsbeschleunigung die gleiche Reihenfolge, in der auch die Wandergeschwindigkeit der Koagulationsfront ins Innere des Lösungsstranges anwächst (Bild 2) bzw. in der sich die Spannung im koagulierenden System vermindert (vgl. Bild 5).

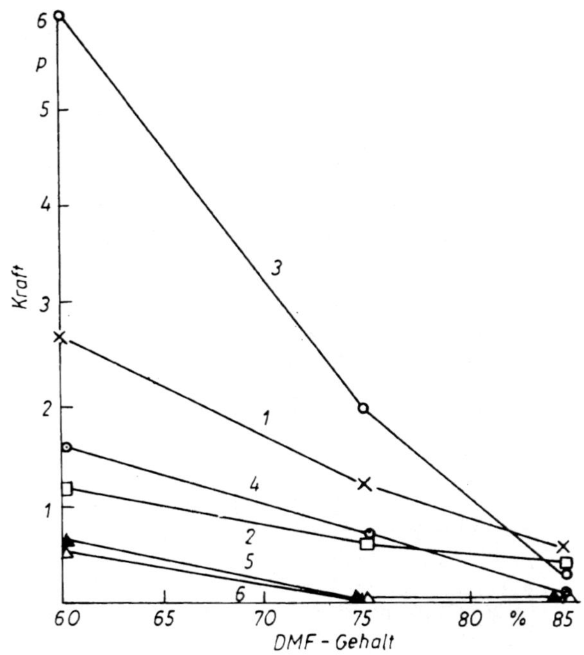

Bild 5. Abhängigkeit der Kräfte in den Spinnlösungstropfen vom DMF-Gehalt im Fällbad

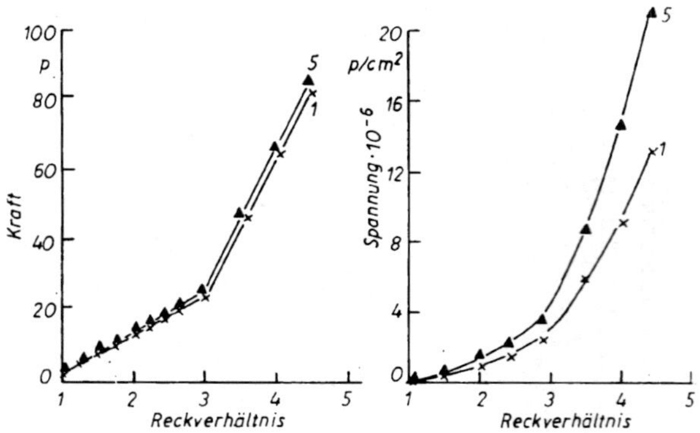

Bild 6. Abhängigkeit der Kräfte (a) und der Spannung (b) in den Fäden vom Grad der plastischen Reckung

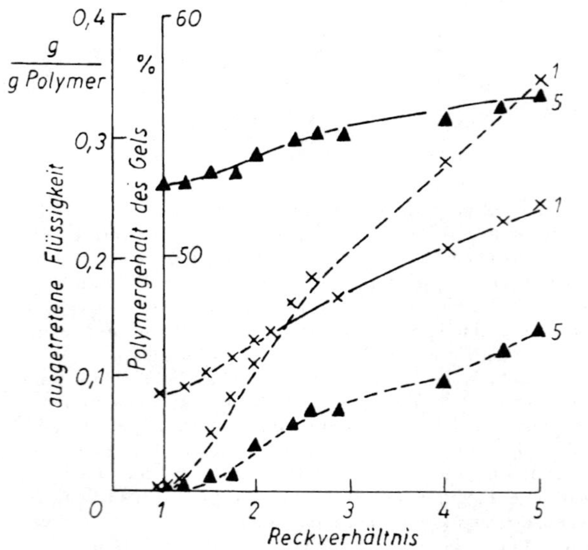

Bild 7. Abhängigkeit der Polymerkonzentration im Gel (volle Linie) sowie der aus der Faser ausgetretenen Flüssigkeitsmenge vom Grad der plastischen Reckung

2.8. *Färben der Fasern im Gelzustand*

Die erhöhte Waschgeschwindigkeit bei modifizierten Fasern beruht offensichtlich auf einer Beschleunigung der Diffusion niedermolekularer Stoffe (Lösungs- und Fällmittel), die ihrerseits durch Strukturveränderungen der Fasern hervorgerufen wurde. Diese Strukturveränderungen der modifizierten Fasern erlauben auch die beschleunigte Diffusion eines Farbstoffes in die frischgeformte Faser beim Färben im Gelzustand.

Tabelle 2. Einfluß der Faserzusammensetzung auf die Extraktionsgeschwindigkeit des DMF beim Waschen

Nr.	Zusammensetzung der Faser	Restgehalt an DMF in den frischgeformten Fasern beim Waschen (Verhältnisgrößen) in Abhängigkeit von der Extraktionszeit			
		2 s	1 min	5 min	10 min
1	PVC ohne Zusatz	100	38,0	14,3	7,9
2	PVC/PS 90:10	100	7,6	4,3	4,1
3	PVC/BAN 90:10	100	26,0	7,8	3,0
4	PVC/PMMA 90:10	100	10,0	1,5	0,8
5	PVC/CoPPA 90:10	100	1,7	0,9	0,7
6	PVC/TPVP 90:10	100	2,0	1,2	1,0
7	PVC/CoPÄTKSP 90:10	100	5,5	1,1	0,8

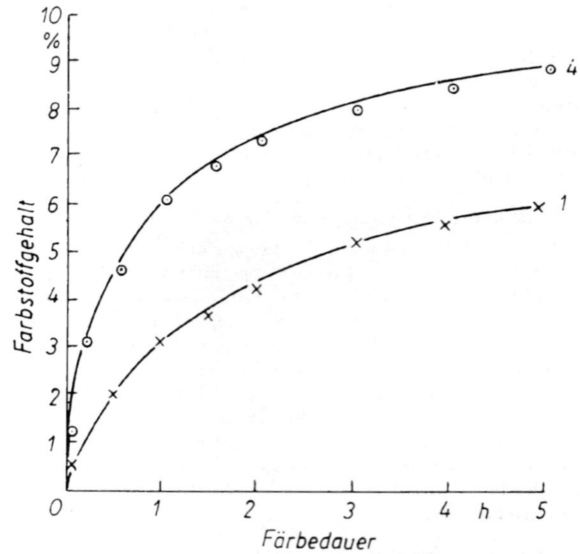

Bild 8. Sorptionsisothermen des blauen Dispersionsfarbstoffs K für die Fasern

Bild 8 zeigt die Kurven für die Sorption des Farbstoffs durch Fasern aus PVC sowie aus einem Gemisch PVC/PMMA. Die Färbung wurde auf folgende Weise vorgenommen: eine eingewogene Faserprobe (vollständig extrahiert) wurde in einer Lösung des Farbstoffs Dispersblau K (Badmodul 1:50) mit einer Konzentration von 10 g/l eingebracht. Die Färbung erfolgte bei 60 °C im Verlauf der angegebenen Zeiten (s. Bild 8). Die gefärbte Faserprobe wurde dann sorgfältig mit Wasser gewaschen und getrocknet, danach im DMF gelöst. Der Farbstoffgehalt dieser Lösung wurde mit Hilfe eines photoelektrischen Kolorimeters (Modell FEKN-57) sowie einer Eichkurve gemessen.

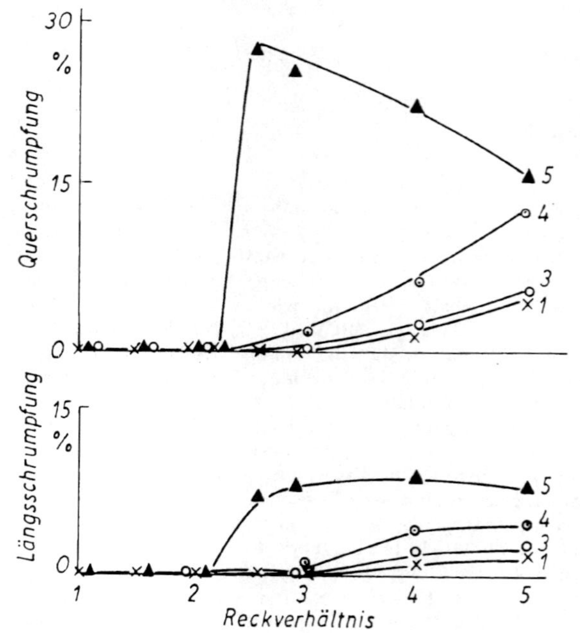

Bild 9. Abhängigkeit der Längs- und Querschrumpfung der Fasern vom Reckverhältnis

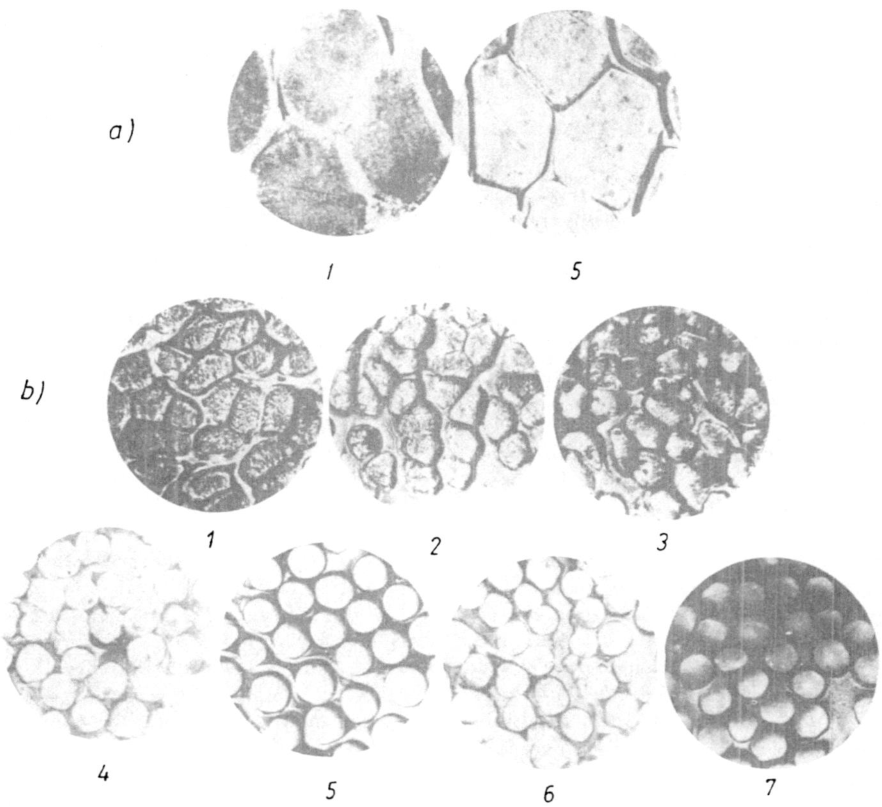

Bild 10. Faserquerschnitte nach dem Trocknen:
a) ungereckte Fasern b) gereckte Fasern (Reckung 4,8- bis 5,3fach)

Wir fanden eine so große Beschleunigung der Farbstoffsorption an modifizierten PVC-Fasern, daß die resultierende Färbegeschwindigkeit für ein industrielles Färben von PVC-Fasern im Gelzustand während deren Herstellung ausreicht.

2.9. *Trocknen*

Die vollständige DMF-frei gewaschenen Fasern wurden bei Zimmertemperatur getrocknet. Die Veränderungen der geometrischen Faserabmessungen beim Trocknen wurden mit einem Meßmikroskop beobachtet. Die Fasertrocknung ist oft von einer Volumenverminderung begleitet (Bild 9); es zeigte sich ein deutlicher Einfluß des Polymerzusatzes auf den Grad dieser Schrumpfung. Eine Faser aus reinem PVC wird beim Trocknen nur wenig in ihren geometrischen Abmessungen verändert, ähnlich verhält sich eine Faser aus PVC mit dem wenig effektiven Zusatz von BAN.

Beim Fasertrocknen wird das Wasser in den Faserhohlräumen gegen Luft ausgetauscht, die Faser erhält eine lockere Struktur. Bei Verwendung eines effektiv wirksamen Polymerzusatzes (z. B. von CoPPA) besitzt die Faser die Fähigkeit, sich beim Austrocknen stark zu verdichten. Es ist interessant, daß diese Faserverdichtung beim Trocknen fast vollständig auf Kosten einer Querschrumpfung stattfindet (die Schrumpfung in der Längsrichtung übersteigt selbst in Fällen maximaler Verdichtung nicht 8%). Dabei unterscheiden sich die einzelnen Faserarten im ungereckten Zustand praktisch kaum hinsichtlich ihres Schrumpfungsgrades; erst bei Reckverhältnissen über 2,5 beginnen größere Unterschiede aufzutreten. Unterschiedliche Verdichtungsgrade der Fasern beim Trocknen bedingen unterschiedliche Form und Dichte ihrer Querschnitte (Bild 10). Zum Vergleich sind in Bild 10 auch Querschnitte ungereckter Fasern aus PVC/CoPPA gezeigt, die sich wenig voneinander unterscheiden, während sich der Querschnitt einer gereckten Faser aus PVC/CoPPA kraß davon unterscheidet. Dies erklärt sich durch das Anwachsen der Schrumpfung mit dem Reckgrad, wie aus Bild 9 ersichtlich ist.

Aus Bild 10 ergibt sich, daß man bei der Anordnung der Polymerzusätze nach ihrer Einwirkung auf die Gleichförmigkeit der Querschnittsstruktur annähernd die gleiche Reihenfolge erhält wie für die Diffusionsbeschleunigung und die anderen untersuchten Effekte.

Tabelle 3. Physikalisch-mechanische Eigenschaften modifizierter PVC-Fasern

Nr.	Zusammensetzung der Faser	Reckverhältnis %	Festigkeit %	Dehnung %	doppelte Biegung %
1	PVC ohne Zusatz	100	100	100	100
2	PVC/PS 90:10	105	94	116	120
3	PVC/BAN 90:10	108	109	93	96
4	PVC/PMMA 90:10	99	93	157	100
5	PVC/CoPPA 90:10	93	98	158	91
6	PVC/TPVP 90:1:	91	94	159	70
7	PVC/CoPÄTKSP 90:10	97	99	190	90

2.10. Mechanische Eigenschaften der Fasern

Festigkeits- und Dehnungsbestimmungen wurden am Schopper-Dynamometer für Einzelfasern vorgenommem. Die Beständigkeit gegenüber doppelter Biegung wurde an dem ungarischen Gerät „sinus" ermittelt; die Meßergebnisse sind in Tabelle 3 angegeben. Zur besseren Anschaulichkeit enthält Tabelle 3 relative Werte, wobei die entsprechenden Meßgrößen für reine PVC-Fasern gleich 100 gesetzt wurden (Festigkeit 26 p/tex; Dehnung 27%; doppelte Biegung 55000 Zyklen). Die relativen Fehler der Messungen betrugen 10%. Aus den Tabellenwerten läßt sich eine Tendenz zur Verringerung der Festigkeit, Erhöhung der Dehnung und Verminderung der Beständigkeit gegen doppelte Biegung mit ansteigendem Wert der Fällungsschwelle des Zusatzpolymeren ableiten.

3. Diskussion der Ergebnisse

Die von uns zur Modifizierung von PVC-Fasern benutzten Polymeren besaßen unterschiedliche chemische Strukturen sowohl hinsichtlich der Hauptkette als auch der Substituenten. Es ist offensichtlich nicht möglich, eine Korrelation zwischen dem Grad des modifizierenden Einflusses eines zugesetzten Polymeren und seiner Struktur aufzustellen. Offenbar sind die beobachteten Effekte bezüglich Veränderungen von Struktur und Eigenschaften der Fasern verbunden mit den physikalischen Erscheinungen, die beim Mischen von Polymeren in Lösung und Faser auftreten. In erster Linie zählt hierzu die Nichtmischbarkeit von Polymeren in Lösung sowie in der Festsubstanz (Faser), die sich schon daraus ableiten läßt, daß die Polymermischlösungen keine homogenen, sondern heterogen/kolloidale Systeme bilden. Die Spinnlösung eines Gemisches thermodynamisch nichtmischbarer Polymerer stellt sich dann als Emulsion dar, in der als disperses Medium die Lösung des Grundpolymeren (hier PVC in DMF) und als disperse Phase die Lösung des zugesetzten Polymeren auftritt. Die Trübung der Mehrheit der Spinnlösungen von Polymergemischen (s. Tabelle 1) weist auf die Nichtmischbarkeit dieser Polymerpaare in DMF hin. Was das Gemisch PVC/PMMA angeht, das eine durchsichtige Spinnlösung bildet, so ist nach Angaben von *Razinskaja* u. Mitarb. [8] auch dieses Polymerpaar nicht mischbar, und die Transparenz des Systems beruht offensichtlich auf der geringen Differenz der Brechungsindices der Lösungen von PVC und PMMA in DMF. Lediglich BAN könnte nach Angaben von *Alekseenko* u. Mitarb. [9] zu den mit PVC mischbaren Polymeren gehören.

Es muß noch bemerkt werden, daß in den Lösungen mischbarer Polymerer als vorherrschende Assoziationsform die Bildung von Makromolekülaggregaten einer Art auftritt [10].

Von diesen Darlegungen ausgehend, kann man sich den Mechanismus der modifizierenden Wirkung eines Zusatzpolymeren in folgender Weise vorstellen. Im Ergebnis der Austauschdiffusion des Lösungsmittels gegen das Fällmittel im Spinnlösungsstrang erfolgt eine Auftrennung der Lösung in eine hochmolekulare Phase, die mit Polymeren angereichert ist, und eine niedermolekulare Phase, die das Gemisch Fällmittel/Lösungsmittel enthält. Die hochviskose polymere Phase bildet das Gelskelett, während die niedermolekulare Phase teilweise von der sich formenden Faser ausgeschieden wird und zum anderen Teil in Form einzelner Mikrozellen in der Faser verbleibt. Beim Spinnen von Polymergemischlösungen verzögern die Assoziate bzw. Teilchen des zugesetzten Polymeren (in Form seiner Lösung) die Formung des Gelskeletts aus PVC, indem sie eine sterische Hinderung für die Entstehung und Festigung von Verbindungen zwischen den Makromolekülen bzw. Assoziaten des PVC-Grundpolymeren darstellen. Weiterhin wird die Formung der Gelstruktur nur vollendet, wenn die Abscheidung beider Polymerer aus der Spinnlösung abgeschlossen ist. Daher führt die erst bei höherer Fällmittelkonzentration erfolgende Abscheidung des zugesetzten Polymeren (nach der Fällung des PVC, vgl. Werte der Fällungsschwellen für PVC und Zusatzpolymere) zur erhöhten Gelbildungsdauer (vgl. Bild 4). Der längere Verlauf der Spinnlösungskoagulation bei Polymermischungen fördert die Spannungsrelaxation im koagulierenden System (Bild 5) sowie die Vollständigkeit der Abtrennung der niedermolekularen Flüssigkeit von der sich bildenden Faser. Letzteres bringt die Erhöhung der Polymerkonzentration in der Faser sowie eine Verringerung des Anteils grober Poren mit sich.

All das führt zur Bildung von Fasern mit sehr gleichmäßiger Struktur und kleinen Poren.

Aus [11] ist bekannt, daß der Porenradius in reziproker Abhängigkeit von der Kapillarkraft der Kontraktion steht, die bei der Trocknung auftritt. Damit führt die Verringerung der Porengröße bei modifizierten Fasern zu erhöhter Kapillarkontraktion, und die Fasern verdichten sich beim Trocknen stärker (vgl. Bild 9); sie erhalten einen dichten und gleichmäßigen Querschnitt (Bild 10).

Die beschleunigte Diffusion des Fällmittels in die sich formende Probe (Bild 2), das schnellere Extrahieren und Färben der Fasern (Tabelle 2 und Bild 8) lassen sich mit unserer Hypothese mit der Auflockerung des Gelskeletts durch die Assoziate oder Teilchen des zugesetzten Polymeren erklären. Das Ausmaß der modifizierenden Wirkung eines Zusatzpolymeren hängt vom Gesichtspunkt unserer Hypothese aus von mehreren Faktoren ab: Durchmesser der Assoziate oder Teilchen des zugesetzten Polymeren in der Lösung sowie in der Faser; Differenz der Fällungsschwellen beider Polymerer; Stärke der Wechselwirkungen zwischen den Makromolekülen sowohl gleicher Art als auch der vermischten Polymeren untereinander. Zur Zeit erscheint es uns unmöglich, alle diese Faktoren zu berücksichtigen. Immerhin läßt sich aus unseren Beobachtungen eine Korrelation zwischen dem Wert der Schwellenkonzentration des Fällmittels und der Wirksamkeit des modifizierenden Effektes erkennen. Je höher die Fällungsschwelle, d. h. je größer die Differenz zwischen den Schwellenkonzentrationen des Fällmittels von Grund- und Zusatzpolymeren (folglich auch die Zeitdifferenz für den Beginn der Polymerenabscheidung aus der Spinnlösung) ist, desto wesentlicher äußert sich der modifizierende Einfluß des Zusatzpolymeren. Diese Gesetzmäßigkeit wird in der Reihenfolge der Polymeren nur in einem Fall unterbrochen: die modifizierende Wirksamkeit eines BAN-Zusatzes ist schwächer als die bei PS, obwohl die Fällungsschwelle für BAN höher liegt als für PS. Wahrscheinlich äußert sich in diesem Fall der Einfluß der Teilchengröße des Zusatzpolymeren. Es ist sehr wahrscheinlich, daß die BAN-Teilchengröße wenigstens in der Spinnlösung geringer ist als die von PS. Die zwischenmolekulare Wechselwirkung an den Teilchengrenzflächen Zusatzpolymeres/PVC ist geringer als die Wechselwirkung zwischen PVC-Makromolekülen. Deshalb muß die heterogene Struktur des Fasergerüstes zu einer Verschlechterung der mechanischen Eigenschaften führen. Da sich gleichzeitig die Gleichmäßigkeit der Makrostruktur der Fasern erhöht und die Zahl der gröbsten und gefährlichsten Defekte vermindert, ist auch eine Festigkeitserhöhung der Fasern möglich.

Wie aus Tabelle 3 folgt, übt der erste der o. g. Faktoren bei den untersuchten Systemen den größten Einfluß auf die mechanischen Fasereigenschaften aus. Mit wachsender modifizierender Wirksamkeit eines Polymerzusatzes entwickelt sich die Tendenz zur Verminderung des Reckverhältnisses und entsprechend zur Erniedrigung von Festigkeit und Stabilität gegenüber doppelter Biegung, wobei die Dehnung anwächst.

Ungeachtet dessen kann die Anwendung von Polymerzusätzen zur PVC-Spinnlösung in DMF eine große praktische Bedeutung erlangen: sie ermöglicht die Durchführung der Faserfärbung im Gelzustand sowie eine verbesserte Extraktion von DMF aus der Faser. Letzteres hat bei der Produktion von PVC-Fasern besondere Bedeutung, da selbst ein sehr geringer DMF-Gehalt in der PVC-Faser noch eine bedeutende Verminderung der Lichtbeständigkeit hervorruft [12].

Abschließend sei vermerkt, daß die angewendeten Verhältnisse PVC-Zusatzpolymeres (90:10) wahrscheinlich nicht optimal waren für die einzelnen, wohl aber für die Gesamtheit der Gemische. Deshalb wird für weitere Untersuchungen beabsichtigt, die Abhängigkeit der modifizierenden Wirkung der Polymeren von ihrer Konzentration im Gemisch zu ermitteln.

Zusammenfassung

Bildung und Eigenschaften modifizierter PVC-Fasern wurden untersucht. Die PVC-Spinnlösungen enthielten jeweils ein Zusatzpolymeres, das mit PVC in DMF nicht mischbar ist.

Der Koagulationsprozeß wurde mit der Hitzeimpulsmethode an Fasermodellen untersucht.

Es wurde gefunden, daß die Gelbildungsdauer für Polymermischlösungen gegenüber der reinen PVC-Lösung erhöht ist. Das führt zur Ausbildung einer größeren Anzahl Poren mit geringerem Radius.

Sowohl bei der Formung der Faserstruktur im Fällbad als auch bei der Lösungsmittelextraktion im Waschbad wurde für die modifizierten Fasern eine Beschleunigung der Diffusionsprozesse festgestellt. Damit im Zusammenhang steht auch die erhöhte Fähigkeit zur Sorption von Farbstoffen sowie die Verdichtung des Faserquerschnittes beim Trocknen.

Die Wirksamkeit der einzelnen Zusatzpolymeren hinsichtlich der o. g. Modifikationseffekte korreliert mit der Schwellenkonzentration für die Fällung der einzelnen Zusatzpolymeren aus ihren DMF-Lösungen. Dies gilt auch für die Modifizierung der mechanischen Fasereigenschaften: erhöhte Faserdehnung, Verminderung von Festigkeit und Stabilität gegen doppeltes Biegen.

Die Modifizierung von PVC-Fasern durch Polymerzusätze könnte praktische Bedeutung erlangen, da durch sie sowohl das Färben der Fasern im Gelzustand als auch eine verbesserte DMF-Extraktion ermöglicht wird.

Abschließend wurde eine Erklärung für den Wirkmechanismus der modifizierenden Zusatzpolymeren vorgeschlagen, die auf der Nichtmischbarkeit der Polymerpaare in DMF beruht.

Literatur

[1] *Kruglova, G. S., Krasil'nikova, L. S., Krasnov, E. P., Pakšver, A. B.*, und *Fichman, V. D.:* Untersuchung der Makrostruktur von Polyvinylchloridfasern. In: Volokna iz sintetičeskich Polimerov (Fasern aus synthetischen Polymeren). Moskva: Izd. Chimija 1970, S. 246–250.

[2] *Michajlov, N. V.*, und *Pokrovskaja, N. B.:* Fasern auf der Grundlage von chloriertem Polyvinylchlorid und Nitrocellulose (VINITRON). Chim. Volokna (Chem. Fasern) (1964) 5, S. 13–16.

[3] *Mežirov, M. S.:* Neue Untersuchungsmethode für die Gelbildungsgeschwindigkeit bei der Naßformung von Fasern. Chim. Volokna (Chem. Fasern) (1971) 3, S. 13–15.
—: Bestimmung der Gelbildungsdauer beim Naßerspinnen eines Faserstoffs. Chim. Volokna (Chem. Fasern) (1972) 4, S. 17–19; dt. in: Sowj. Beitr. Faserforsch. Textiltechnik **9**(1972) 10, S. 520–522.

[4] *Mežirov, M. S.*, und *Pakšver, É. A.:* Ursachen für die Bildung radialer Poren in Polyacrylnitrilfasern. Chim. Volokna (Chem. Fasern) (1968) 3, S. 13–16.

[5] *Fichman, V. D., Alekse'eva, V. M., Volkov, V. Z.*, und *Vinogradov, G. V.:* Einfluß der Lösetemperatur auf die Eigenschaften von PVC-Spinnlösungen. Faserforsch. u. Textiltechnik **22** (1971) 1, S. 9–16.

[6] *Uchanova, Z. V., Antipova, R. V.*, und *Papkov, S. P.:* Wasserabsonderungsprozesse bei der Formung von Viskosefäden. Chim. Volokna (Chem. Fasern) (1968) 5, S. 30.

[7] *Krasil'nikova, L. S., Mežirov, M. S.*, und *Fichman, V. D.:* Strukturänderung modifizierter Polyvinylchloridfasern beim Trockenprozeß. Chim. Volokna (Chem. Fasern) (1972) 3, S. 10–11.

[8] *Razinskaja, I. N., Vidjajkina, L. I., Radbil', T. I.*, und *Štarkman, B. P.:* Über die Abschätzung der Mischbarkeit und den Phasenzustand von Polymermischungen. Vysokomol. Soed. (Hochmol. Verbind.) Serie A **14** (1972) 4, S. 968–973.

[9] *Alekseenko, V. I.*, und *Mišustin, I. U.:* Untersuchung der Mischbarkeit von Polymeren. Vysokomol. Soed. (Hochmol. Verbind.) Serie A **1** (1959) 11, S. 1593–1597.
Oganesov, Ju. G., Kuleznev, V. N., und *Vojuckij, S. S.:* Struktur und physiko-mechanische Eigenschaften von Gemischen aus Polyvinylchlorid mit Butadien/Acrylnitril-Elastomeren. Vysokomol. Soed. (Hochmol. Verbind.) Serie B: Kratky Soobšč. (Kurzmitt.) **12** (1970) 9, S. 692–693.

[10] *Dogadkin, B. A., Kuleznev, V. N.*, und *Prjachina, S. F.:* Zur Frage der Mischbarkeit von Polymeren in Lösung. Kolloid. Ž. (Kolloid-Z.) **21** (1959) 2, S. 174–180.

[11] *Rebinder, P. A.*, und *Vlodavec, I. N.:* Physikochemische Mechanik poröser und faseriger disperser Strukturen. In: Problemy fiziko-chimičeskoj mechaniki voloknistych i poristych dispersnych struktur i materialov (Probleme der phys.-chem. Mechanik faseriger und poröser disperser Strukturen und Materialien). Izd. Znanie 1967, S. 33–36.

[12] *Vajman, É. Ja., Pakšver, A. B.*, und *Fichman, V. D.:* Wege zur Erhöhung der Thermo- und Lichtstabilität von Polyvinylchloridfasern. In: Proizvodstvo sintetičeskich volokon (Herstellung synthetischer Fasern). Moskva: Izd. Chimija 1971, S. 229–247.

Eingegangen am 28. 11. 1973

Morphologische Untersuchungen zur Lösungsacetylierung von Linters

Reiner Leuteritz[1]) *und Burkart Philipp*

VEB Eilenburger Chemie-Werk

Akademie der Wissenschaften der DDR, Institut für Polymerenchemie in Teltow-Seehof

DK 661.728.312:661.728.82:542.951.1:539.388.2:539.22:541.8

Bei der Lösungsacetylierung essigsäureaktivierter Lintersfasern im Acetyliergemisch Acetanhydrid/Methylenchlorid mit H_2SO_4 als Katalysator werden verschiedene Zerfallsformen nebeneinander beobachtet: Strukturloses Aufquellen mit lochfraßartigem Zerfall, Spiralstrukturen und ausgeprägter Längszerfall. Die Lösungsacetylierung im gleichen System ergab nach Aktivierung mit NH_3 keine neuen Zerfallsformen. Allerdings bleibt die Auflösung der Lintersfasern dann unvollständig. Linters unterschiedlicher Provenienz und Verarbeitbarkeit zeigte bei beiden Aktivierungsarten keine signifikanten Unterschiede. Die morphologische Heterogenität innerhalb *einer* anacetylierten Probe wird im Vergleich zu den bekannten Quellungsbildern von Cellulosexanthogenat diskutiert und gedeutet.

Морфологические исследования гомогенного ацетилирования делинта

При гомогенном ацетилировании волокон делинта, предварительно активированных уксусной кислотой, ацетилирующей смесью уксусный ангидрид/метиленхлорид и серной кислоты в качестве катализатора одновременно наблюдаются различные морфилогические формы распада: бесструктурное набухание с возникновением пустот, подобным местной коррозии, спиралевидные структуры и ярко выраженный распад вдоль волокон. Гомогенное ацетилирование в той же системе, но после активирования аммиаком, не привело к новым морфологическим формам распада. В этом случае, однако, не достигается полное растворение волокон делинта. Делинт различного происхождения и различной перерабатываемости не показал для обоих видов активирования значительных различий. Обсуждается и интерпретируется морфологическая неоднородность в пределах *одной* частично ацетилированного образца, причем проводится сравнение с известными формами набухания ксантогената целлюлозы.

Morphological Investigations in the Acetylation of Linters in Solution

In the acetylation of linters activated by acetic acid in the acetylation mixture acetic anhydride/methylene chloride with H_2SO_4 as catalyst, various destruction processes were observed, as swelling without structural changes, destruction with hole formation, helical structures and longitudinal destruction. Activation by NH_3 led to no other destruction processes, but the dissolution of linters was incomplete. Linters of different origin and processability showed no significant differences depending on the kind of activation. The heterogenity in the morphology of the same sample acetylated to some degree is discussed by comparison with the known swelling behaviour of cellulose xanthate.

1. *Einführung und Zielstellung*

Wie in einer früheren Arbeit [1] von uns ausführlich dargelegt wurde, haben morphologische Untersuchungen zu Quell- und Löseprozessen auch heute noch Bedeutung sowohl zur Aufklärung struktureller Unterschiede zwischen verschiedenen Cellulosepräparaten als auch als Optimierungshilfe für technische Prozesse, bei denen native Cellulose über eine möglichst partikelfreie Lösung zu Chemiefasern oder -folie verarbeitet werden soll. Ziel solcher quellungsmorphologischer Untersuchungen sind dabei vor allem Aussagen,

wie gleichmäßig der Quell- und Lösungsvorgang abläuft, ob mehrere Quellmechanismen nebeneinander wirksam werden oder ob Ungleichmäßigkeit lediglich durch eine zeitliche Verzögerung im Durchlaufen einheitlicher Quellstadien zustandekommen,
inwieweit sich Korrelationen zu Verarbeitungs- und Produkteigenschaften ableiten lassen.

Während für die Quellung und Lösung von Cellulosexanthogenat zahlreiche, bis zu halbquantitativen Aussagen zur Verarbeitbarkeit von Viskosezellstoffen führende Arbeiten [2, 3, 4] vorliegen und auch die Quellung von Cellulose in alkalischen Metallkomplexlösemitteln [5, 6], sowie in H_3PO_4 von zahlreichen Autoren (u. a. [7, 8]) untersucht wurde, befassen sich nur relativ wenig Publikationen mit morphologischen Problemen von Celluloseacetaten.

Peine [9] untersuchte den Löseverlauf von Faser-Celluloseacetaten in Abhängigkeit von der Voroxydation der Linters.

[1]) Jetzt WTZ Bauglas Torgau.

Engelmann [10] beobachtete bei Lösungsacetylierung von Linters mit Acetanhydrid/Methylenchlorid als Reaktionsmedium und $HClO_4$ als Katalysator nach Voraktivierung mit Eisessig eine ziemlich gleichmäßige Dickenquellung der Fasern mit ausgeprägtem Querzerfall. Wir selbst [11] wiesen im Zusammenhang mit der Eignungsbeurteilung von Acetylier-Linters auf die starke Ungleichmäßigkeit der Quellung im Acetyliergemisch Acetanhydrid/Methylenchlorid und H_2SO_4 als Katalysator hin.

Im Hinblick auf die eingangs erwähnten Ziele quellungsmorphologischer Untersuchungen sollte in dieser Arbeit unter Einbeziehung polarisationsoptischer Methoden geprüft werden, welche Quellformen bei der Lösungsacetylierung mit H_2SO_4 als Katalysator auftreten und ob sich eine Voraktivierung mit NH_3 im Vergleich zur üblichen Aktivierung mit Essigsäure quellungsmorphologisch auswirkt.

2. *Bemerkungen zur Versuchsmethodik*

Als Ausgangsmaterial dienten zwei Proben gebeuchter und gebleichter Acetylierlinters unterschiedlicher Provenienz und Verarbeitbarkeit, die, sofern nicht anders angegeben, durch Behandlung mit Eisessig voraktiviert wurden [12]. In einigen Fällen erfolgte die Aktivierung allein oder zusätzlich vor der Essigsäurebehandlung mit flüssigem NH_3 [13], das dann durch Abdampfen entfernt wurde. Die Acetylierung nahmen wir in bekannter Weise [12] bei 30°C mit Acetanhydrid/Methylenchlorid (Volumenverhältnis 4:1) und H_2SO_4 (3,2 Masse-% auf Cellulose berechnet) als Katalysator bei einem Flottenverhältnis 1:9,5 unter mechanischem Rühren vor, wobei zur mikroskopischen Untersuchung nach unterschiedlichen Zeiten Proben entnommen wurden und deren weitere Umsetzung durch einen Überschuß von Wasser und Triäthanolamin sofort abgestoppt wurde.

Die Präparate wurden im Hellfeld/Durchlicht mit dem großen Forschungsmikroskop Typ Nu des VEB Carl Zeiss Jena beobachtet und mit einer Kleinbildkamera fotografiert. Teilweise wurden die Texturen der Fasern im Phasenkontrast, im polarisierten oder gefilterten Licht besser sichtbar gemacht. Die hier ausgewählten Bilder wurden mit demGrünfilter VG 9 und z. T. mit polarisiertem Licht aufgenommen.

3. *Experimentelle Ergebnisse*

3.1. *Einfluß von Probenmaterial und Acetylierungsdauer*

Wie anhand der folgenden Bilder (vgl. 3.2) noch erläutert wird, lagen von Reaktionsbeginn an recht unterschiedliche Quellformen vor. Mit fortschreitender Acetylierung erhöhte sich zwar erwartungsgemäß die Zahl der hochgequollenen, vor der Auflösung stehenden Faserbruchstücke auf Kosten nur angequollener ganzer Fasern, ohne daß jedoch neue Quellformen im Sinne eines Durchlaufens einer Serie von Quellstadien auftraten. Es erschien daher gerechtfertigt, für die weiteren Untersuchungen zur Morphologie der auftretenden Quellformen bestimmte Reaktionszeiten (4 min bzw. 60 min) festzulegen. In Bestätigung der Ergebnisse von *Philipp* und *Wießner* [11] ließen sich beim Vergleich der beiden Lintersproben keine signifikanten Unterschiede in der Quellungsmorphologie erkennen.

3.2. *Beschreibung der bei einer Lösungsacetylierung mit Acetanhydrid/Methylenchlorid/H_2SO_4 auftretenden Quellformen*

Die Bilder 1 bis 10 wurden sämtlich nach 4 min Acetylierdauer aufgenommen und stellen eine Auswahl aus einer wesentlich größeren Serie von Aufnahmen dar. Sie zeigen recht deutlich den außerordentlich ungleichmäßigen und morphologisch vielgestaltigen Quellverlauf in dem hier verwendeten Acetyliergemisch zunächst bei Einsatz einer unter großtechnischen Gesichtspunkten sehr gut verarbeitbaren Linterstype (Linters A). Bei den im Reaktionsgemisch vorhandenen, noch weitgehend intakten Fasern fällt der große Unterschied in der Dickenquellung auf (Bild 1), wobei an der rechten in ihrer Gesamtlänge gleichmäßig hochgequollenen Faser einzelne Wandrisse den Lösevorgang einleiten. An der z. T. wesentlich weniger und vor allem ungleichmäßig gequollenen Faser im Bild 2 läßt sich stellenweise eine ausgeprägte Längsspaltung als Vorstufe des Zerfalls der Faser erkennen, wobei ein ,,Abspanen" der äußeren Wandschicht die weitere Quellung und Auflösung begünstigt. Gleichzeitig zeigen sich an dieser Faser einzelne Einschnürungen, die dann offenbar an diesen Stellen geringer Quellung zu schwer löslichen Rückständen führen, während an anderen, mit einem Pfeil markierten Stellen die Quellung und Lösung, von einzelnen Wanddefekten ausgehend, in einer dem ,,Lochfraß" bei Metallen morphologisch ähnlichen Weise voranschreitet. Besonders deutlich sind solche begrenzten Defektstellen in einem fortgeschrittenen Stadium der Quellung der Linters B in Bild 3 zu sehen, wobei sich in diesem Bild zugleich die gegenläufigen Spiralstrukturen der ,,winding layer" und der darunter liegenden Sekundärwandschichten erkennen lassen.

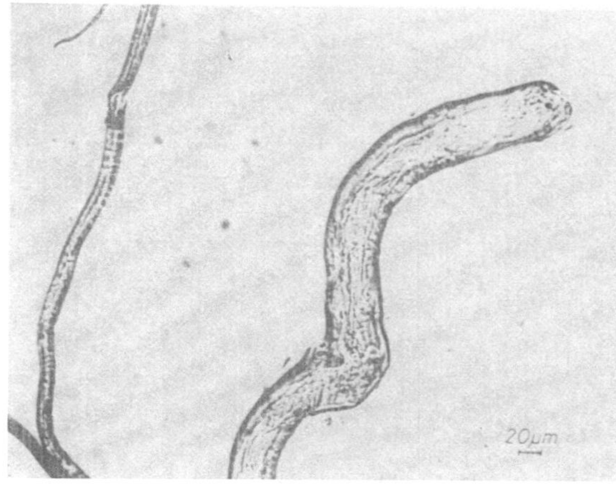

Bild 1. Linters A, 4 min acetyliert (s. Abschnitt 2). Unterschiede im Quellgrad der Lintersfasern

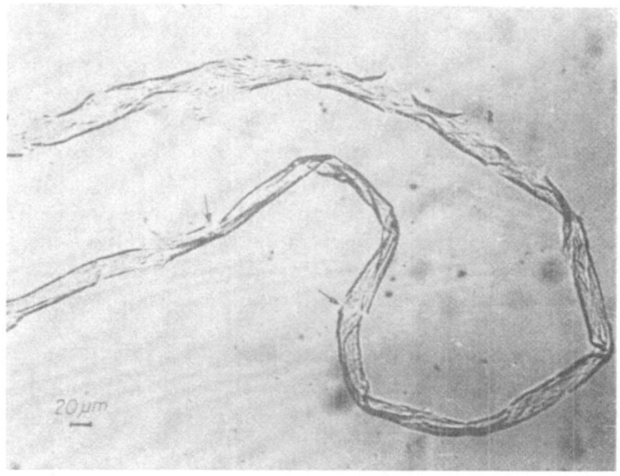

Bild 2. Linters A, 4 min acetyliert (s. Abschnitt 2). Längsspaltung der Lintersfaser mit ,,Abspanen" äußerer Wandschichten.
Pfeilmarkierung: Auflösungsbeginn

Während einzelne Fasern bzw. Faserbruchstücke nach starker Quellung und angedeutetem Längszerfall ohne charakteristische Textur der Oberfläche allmählich in Lösung gehen (Bild 4), ist bei dem unteren Faser-

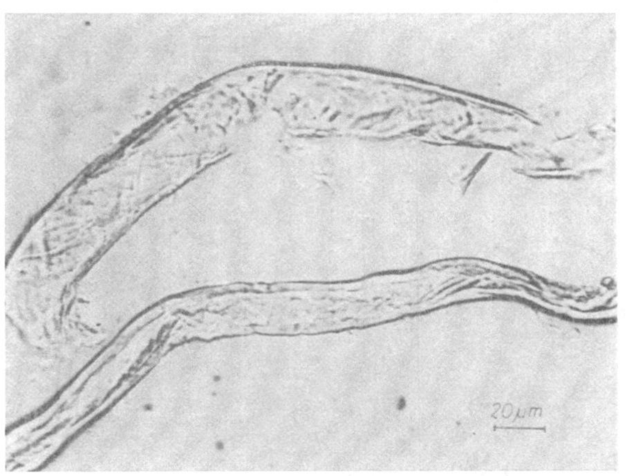

Bild 3. Linters B, 4 min acetyliert (s. Abschnitt 2). Typische Auflösung der Faser an Defektstelle (,,Lochfraß")

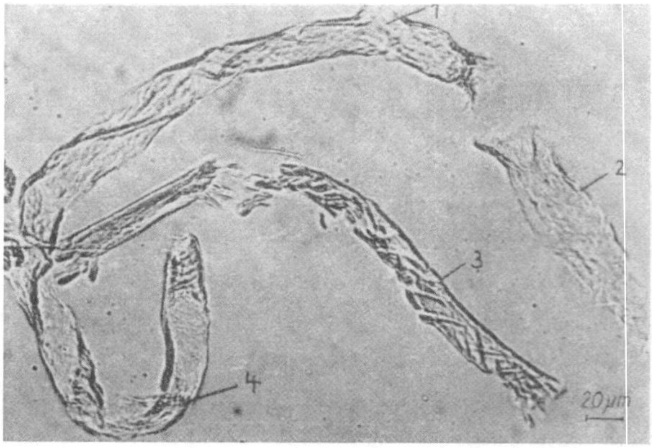

Bild 4. Linters A, 4 min acetyliert (s. Abschnitt 2). 1 Lochfraß; 2 praktisch strukturlose Auflösung gequollener Fasern; 3 ausgeprägte Spiralstrukturen; 4 angedeuteter Querzerfall

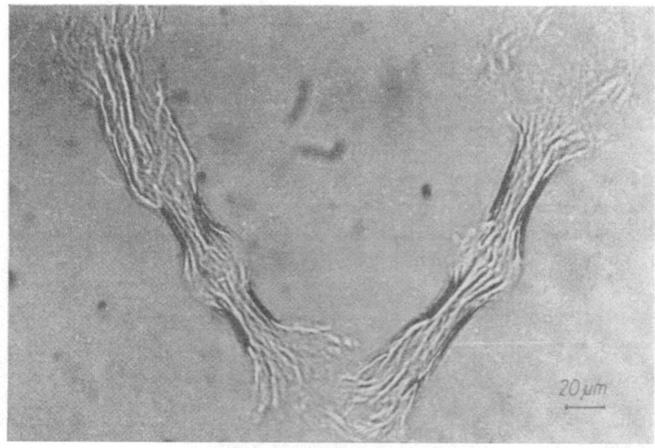

Bild 6. Linters B, 4 min acetyliert (s. Abschnitt 2). Längszerfall mit Kugelbauchquellung

bruchstück im gleichen Bild und noch ausgeprägter im oberen Teil des Bildes 5 eine deutliche Textur zu beobachten. Teilweise sind Fibrillenbündel sichtbar, die in einem Winkel von ca. 30° gegen die Faserachse die Faser spiralig umwinden. Dieses skelettartige Zurückbleiben spiraliger Bruchstücke steht im Einklang mit Beobachtungen von *Jayme* und *Harders-Steinhäuser* [5], daß „nach Auflösen des Hauptteiles der Faser die Übergangslamelle („winding layer") als ein langsam lösliches Skelett übrig bleibt."

Das untere Faserbruchstück im Bild 5 zeigt, daß eine Besonderheit der trockenen Baumwollfaser, nämlich die Verdrillung der Faser mit Inversionen der Drehrichtung über die Faserlänge, auch im Acetyliergemisch noch erhalten ist und im Bereich solcher Inversionen offenbar bevorzugt ein Faserzerfall einsetzt. Selbst bei sehr hochgequollenen, unmittelbar vor der völligen Lösung stehenden Faserbruchstücken lassen sich unter identischen Quellbedingungen noch deutliche quellungsmorphologische Unterschiede erkennen. So zeigt Bild 6 bei ausgeprägtem Längszerfall der Faser Andeutungen einer für Quellprozesse im sauren Medium sonst kaum beobachteten Kugelbauchquellung. Offenbar verhindern hier Wandreste ein gleichmäßiges Aufquellen. Dagegen ist das Faserbruchstück im Bild 7 gleichmäßig gequollen mit deutlich erkennbarer gegenläufiger Spiralstruktur. Der in der Arbeit von *Engelmann* [10] stark betonte „Querzerfall" der Fasern wurde unter unseren Acetylierbedingungen nur ganz vereinzelt und andeutungsweise beobachtet, so z. B. bei dem linken unteren Faserbruchstück in Bild 4.

Da die bisher diskutierten Bilder keine Rückschlüsse auf den Ablauf der Acetylierung innerhalb der Faser gestatten, versuchten wir eine Differenzierung zwischen nativer und teilweise acetylierter Cellulose einmal mit Hilfe von Färbeverfahren, zum anderen durch Ausnutzung des Informationsgehaltes der Präparate im polarisierten Licht mit Rotfilter erster Ordnung und $\lambda/4$-Blättchen über Farbfotos zu erreichen. Zur Anfärbung bewährte sich eine Behandlung mit Malachitgrün (5 g Malachitgrün in 980 ml H_2O und 20 ml Essigsäure), wobei der grüne Farbstoff nur auf die anacetylierten Faserteile aufzieht. Bild 8 läßt deutlich das ungleichmäßige Einsetzen der Acetylierung, und zwar bevorzugt an Stellen mit Wanddefekten, durch eine nur stellenweise Grünfärbung erkennen. Diese Beobachtun-

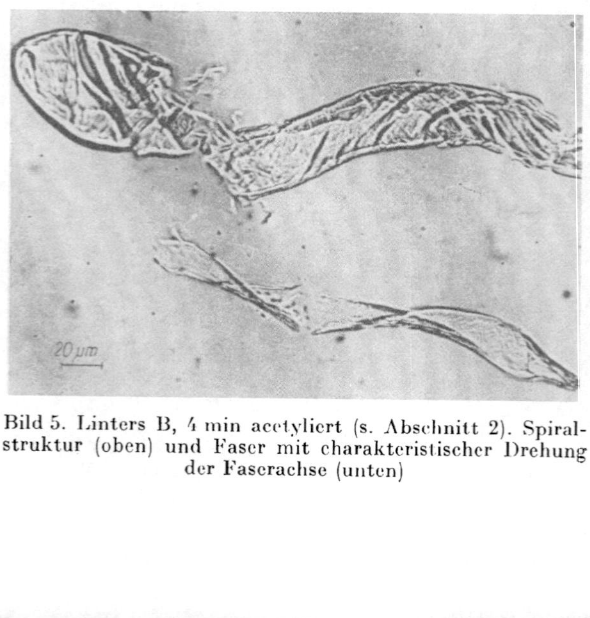

Bild 5. Linters B, 4 min acetyliert (s. Abschnitt 2). Spiralstruktur (oben) und Faser mit charakteristischer Drehung der Faserachse (unten)

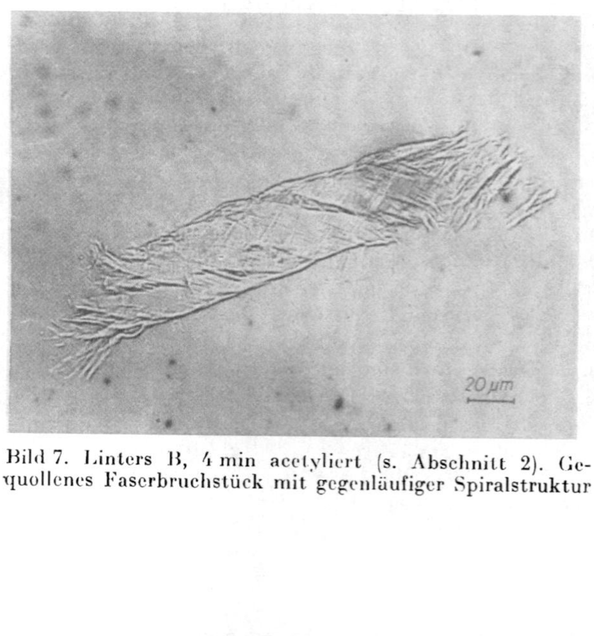

Bild 7. Linters B, 4 min acetyliert (s. Abschnitt 2). Gequollenes Faserbruchstück mit gegenläufiger Spiralstruktur

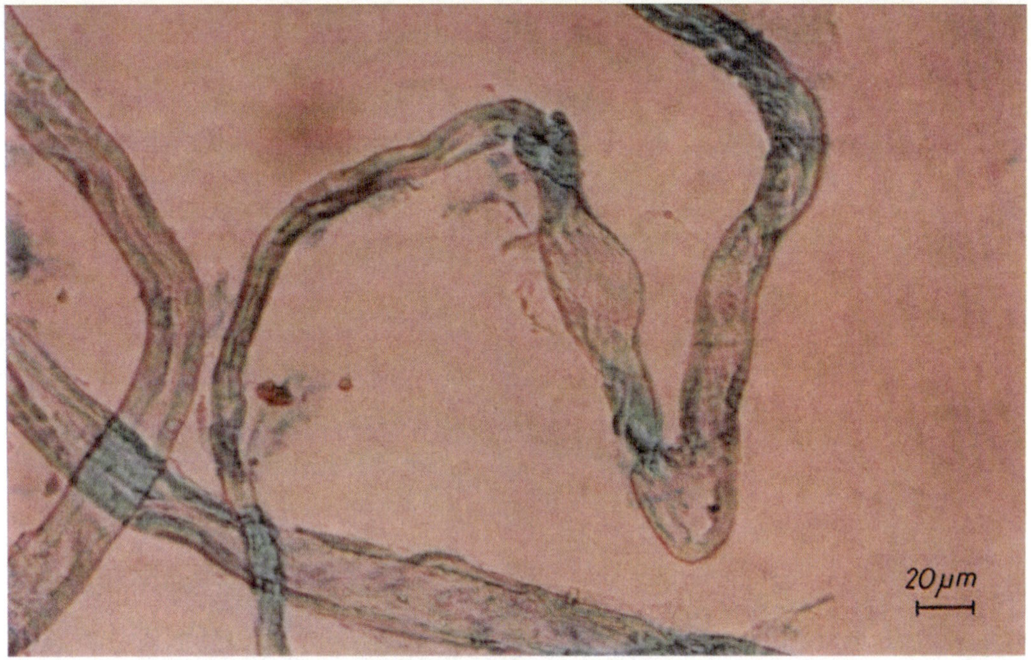

8

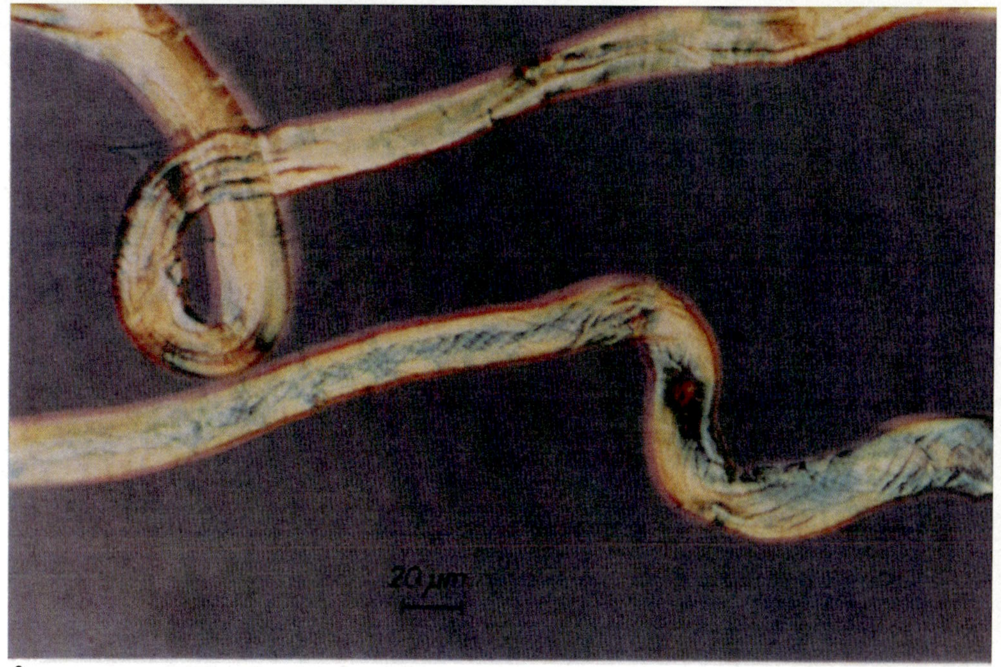

9

Bild 8. Linters A, 4 min acetyliert (s. Abschnitt 2). Mit Malachitgrün angefärbt. Die Acetylierung beginnt an Defektstellen, aber nicht an hochgequollenen Faserteilen wie der angedeuteten Kugelbauchquellung

Bild 9. Linters B, 4 min acetyliert (s. Abschnitt 2). Aufnahme im polarisierten Licht mit λ/4-Plättchen und Rotfilter erster Ordnung. Faser mit deutlicher Spiralstruktur. Die Acetylierung beginnt an lochfraßartigen Wanddefekten

Bild 10. Linters B, 4 min acetyliert (s. Abschnitt 2). Aufnahme im polarisierten Licht mit λ/4-Plättchen und Rotfilter erster Ordnung. Deutliche Längsstrukturen, Acetylierung beginnt an Querspalten

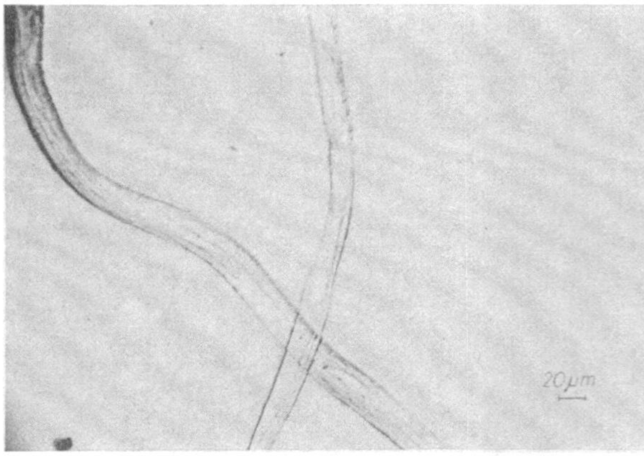

Bild 11. Linters A nach Aktivierung mit NH_3

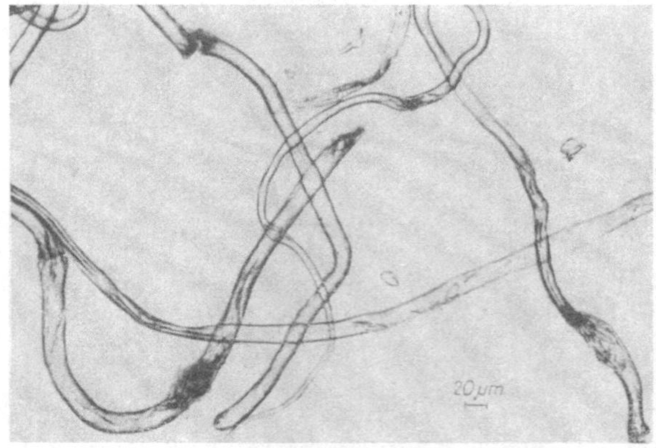

Bild 13. Linters B aktiviert mit NH_3, danach 60 min acetyliert (s. Abschnitt 2)

gen bestätigen die Ergebnisse von *Treiber* [14], wonach Acetylierungsreaktionen bevorzugt von Querspalten aus weitergreifen und es an diesen Stellen relativ rasch zu einer Bildung von Triacetat kommen kann.

Die polarisationsoptischen Farbaufnahmen 9 und 10 lassen sich zwanglos in gleicher Weise interpretieren (vgl. auch Bilder 1 bis 5), obwohl dabei beachtet werden muß, daß die Drehung der Polarisationsebene über die optische Dichte auch von der Faserdicke abhängt. Die grüngefärbten Stellen in den Bildern 9 und 10 weisen wieder auf ein bevorzugtes Einsetzen der Acetylierung an den „lochfraßartigen" Wanddefekten sowie an einzelnen, über ihre Länge aufgerissenen Faseranteilen hin. Die noch gelb oder nur schwach grün gefärbten Spiralstrukturen vor allem im Bild 9 können so gedeutet werden, daß die „winding layer" wesentlich langsamer als andere Faserbereiche acetyliert wird und dementsprechend auch schwerer in Lösung zu bringen ist.

3.3. *Einfluß einer unterschiedlichen Voraktivierung*

Davon ausgehend, daß nach Ergebnissen u. a. von *Klenkova* [15] und von uns [13, 16] eine Behandlung von Linterscellulose mit niederen aliphatischen Aminen oder mit Ammoniak zu einem starken Anstieg des nach kurzer Reaktionszeit bei einer *Faser*acetylierung erreichbaren Acetylgehalts führt, prüften wir anhand der Bilder 11 bis 14 im Vergleich zu den Bildern 1 bis 5 den Einfluß einer Vorbehandlung mit NH_3 allein oder mit nachfolgender Essigsäureaktivierung auf den morphologischen Verlauf einer *Lösungs*acetylierung. Nach Behandlung der Linters nur mit NH_3 liegt eine ausgesprochen glatte Faseroberfläche vor (Bild 11), während nach einer angeschlossenen Essigsäureaktivierung ähnlich wie bei der Aktivierung mit Essigsäure allein die Struktur der Faseroberfläche ungleichmäßiger ist und einzelne Risse vorwiegend in Längsrichtung aufweist (Bild 12).

Im Lösungsacetyliergemisch quellen die NH_3-behandelten Faserproben genau so ungleichmäßig wie die mit Essigsäure aktivierten, und es treten im Prinzip die gleichen unterschiedlichen Quellungs- und Zerfallsformen auf, wie Bild 13 und 14 als Beispiele aus einer größeren Serie zeigen. Allerdings scheinen der Faserzerfall über lochfraßartige Wanddefekte und die Auflösung unter Hinterlassung resistenter Spiralstrukturen gegenüber dem in Bild 2 besonders deutlichen Längszerfall zu überwiegen. Da die Auflösung im Vergleich zu essigsäureaktivierten Lintersfasern auch nach 60 min Acetylierung unvollständig bleibt, überwiegen die Anfangsstadien der verschiedenen Zerfallsformen.

Die nach zweistufiger Vorbehandlung mit NH_3 und mit Essigsäure während der Acetylierung erhaltenen Quellungsbilder brachten erwartungsgemäß keine neuen

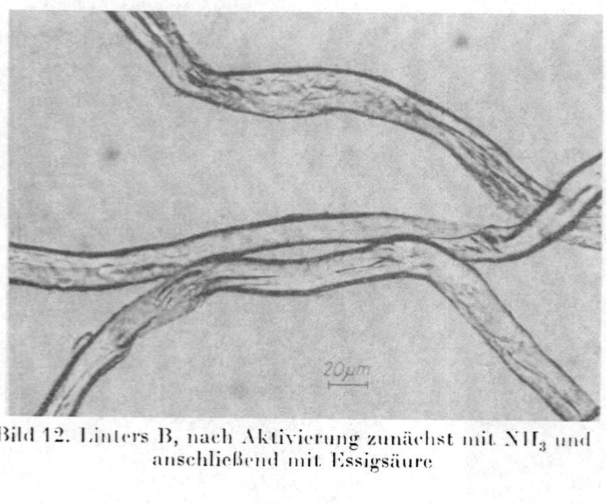

Bild 12. Linters B, nach Aktivierung zunächst mit NH_3 und anschließend mit Essigsäure

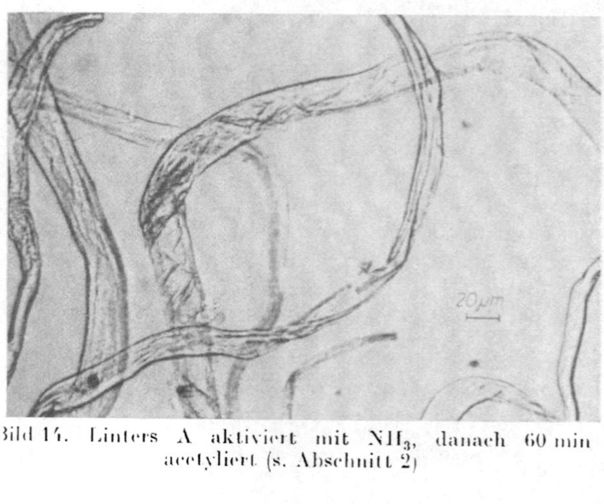

Bild 14. Linters A aktiviert mit NH_3, danach 60 min acetyliert (s. Abschnitt 2)

Quellformen und unterschieden sich praktisch nicht von den nach Aktivierung nur mit Eisessig erhaltenen (vgl. Bilder 1 bis 5), so daß auf eine Wiedergabe hier verzichtet werden kann.

4. *Zusammenfassende Diskussion und Schlußfolgerungen*

Aus den hier beschriebenen Quellungsuntersuchungen zur Lösungsacetylierung gebeuchter und gebleichter Linters lassen sich zwei grundsätzliche Schlußfolgerungen ableiten:

Erstens werden Verlauf der Quellung und Einsetzen der Acetylierung im wesentlichen durch die morphologische Struktur, insbesondere durch Strukturdefekte im Größenbereich zwischen etwa 1 und 100 µm bestimmt, während eine Änderung der übermolekularen Struktur durch „Dekristallisation" der um mehrere Zehnerpotenzen kleineren hochgeordneten Bereiche sich praktisch nicht auf die Art der Quell- und Zerfallsformen der Fasern beim Acetylieren auswirkt.

Zweitens ist der morphologische Verlauf einer Lösungsacetylierung im System Acetanhydrid/Methylenchlorid/Schwefelsäure durch eine große Uneinheitlichkeit des Quellgrades der einzelnen Fasern und Faserabschnitte und eine große Mannigfaltigkeit der Quellformen gekennzeichnet, indem offenbar von Reaktionsbeginn an morphologisch unterschiedliche Quell- und Lösungsmechanismen nebeneinander wirksam werden. Hierbei können unter Inkaufnahme einer gewissen Schematisierung unterschieden werden

ein weitgehend strukturloses Aufquellen der Fasern mit einem anschließend von Wanddefekten ausgehenden „lochfraßartigen" Zerfall der an diesen Löchern bevorzugt anacetylierten Faser,

ein Faserzerfall mit deutlich erkennbaren Spiralstrukturen, wobei dann oft Reste der acetylierungs- und quellungsresistenten „winding layer" skelettartig zurückbleiben,

ein ausgeprägter Längszerfall der Fasern nach Aufrissen oder Abspanen der äußeren Schichten, z. T. verbunden mit einer in sauren Quellmedien sonst kaum beobachteten Kugelbauchquellung.

Der von *Engelmann* [10] bei seinen Untersuchungen zur Lösungsacetylierung von essigsäureaktivierten Linters mit Perchlorsäure als Katalysator vielfach beobachtete und als „Idealquellungsform" betrachtete Querzerfall einer gleichmäßig stark aufgequollenen Faser konnte unter unseren, den großtechnischen Acetylierprozessen mit H_2SO_4 als Katalysator und Methylenchlorid als Lösungsmittel weitgehend entsprechenden Bedingungen nur selten beobachtet werden und ist keinesfalls typisch für unsere Acetylierungsbedingungen.

Im Gegensatz zu den bei der Quellung von Faserxanthat bestehenden Möglichkeiten zur Aufstellung einer halbquantitativen „Quellstadienkurve" nach *Hess* und *Avisiers* [2] schließt das Nebeneinanderbestehen unterschiedlicher morphologischer Quellungsabläufe bei der hier angewandten Lösungsacetylierung ein solches Vorgehen mit dem Ziel der Aufstellung halbquantitativer Korrelationsbeziehungen zur Verarbeitbarkeit der Linters weitgehend aus, zumal offensichtlich eine unter Verarbeitbarkeitsgesichtspunkten anzustrebende „Idealquellform" weder aus den einschlägigen Veröffentlichungen, z. B. von *Jayme* u. Mitarb. [5] oder von *Engelmann* [10], noch aus unseren eigenen Ergebnissen abgeleitet werden kann.

Diese Feststellung steht auch im Einklang mit einer in einer früheren Arbeit von uns gezogenen Schlußfolgerung [11], wonach beim Vergleich verschiedener Litersproben die morphologische Heterogenität der Quellungsbilder innerhalb *einer* anacetylierter Probe sehr groß ist, während zwischen verschiedenen Proben recht unterschiedlicher Verarbeitbarkeit kaum Unterschiede im Quellungsbild festzustellen sind.

Sicher wäre es noch verfrüht, eine endgültige Erklärung dafür zu geben wollen, warum beim Quellprozeß von Cellulose-Xanthogenat nacheinander von jeder Faser definierte Quellstadien durchlaufen werden, bei der Lösungsacetylierung dagegen recht unterschiedliche Quellmechanismen nebeneinander wirksam werden. Wir nehmen aber an, daß zwei Faktoren hierbei eine wesentliche Rolle spielen:

Erstens liegt beim Xanthogenat bereits die quell- und lösefähige Verbindung vor, während bei der Lösungsacetylierung Quellung und chemische Umsetzung gleichzeitig ablaufen und sich wechselseitig bedingen, so daß ein stets vorhandener Einfluß zufälliger Fehl- oder Lockerstellen auf den Umsetzungsbeginn während des weiteren Acetylierverlaufes immer stärker zur Geltung kommt und damit schließlich die jeweilige Variante für den morphologischen Lösemechanismus der einzelnen Faser festlegt.

Zweitens dürfen unterschiedliche innere Spannungen in den einzelnen Fasern und Faserabschnitten (z. B. infolge Inversion der Drehungsrichtung der Faser) für den morphologischen Quellverlauf beim Acetylieren eine wesentliche Rolle spielen, während beim Faserxanthogenat solche Spannungen durch die vorangehenden, in einem quellenden alkalischen Medium verlaufenden Prozeßstufen schon weitgehend abgebaut sind.

Herrn Dipl.-Chem. *G. Märtens* und Herrn Dr. *R. Müller* (beide VEB Eilenburger Chemie-Werk) sowie Herrn Dr. *H. Schleicher*, Institut für Polymerenchemie der AdW der DDR danken wir für einige wertvolle Hinweise zu diesem Manuskript. Frau *G. Bücker* (VEB Eilenburger Chemie-Werk), danken wir für die Anfertigung der mikroskopischen Präparate.

Literatur

[1] *Hampe, H.*, *Philipp, B.*, und *Baudisch, J.*: Vergleichende Untersuchungen zum Quell- und Löseverlauf von Cellulosefasern in verschiedenen Medien. Faserforsch. und Textiltechnik **23** (1972) S. 425—434; **24** (1973) S. 113—119.

[2] *Avisiers, J.*, und *Hess, K.*: Über die Charakterisierung von Zellstoffen für den Viskoseprozeß durch statistische Quellstadienkurven. Holzforschung **10** (1956) S. 12—18.

[3] *Philipp, B.*, *Lehmann, R.*, und *Schleicher, H.*: Über den Einfluß eines Celluloseabbaues auf Xanthatquellungsbild, Filterwert und Verlauf einer Emulsionsxanthogenierung. Faserforsch. u. Textiltechnik **11** (1960) S. 469—481.

[4] *Philipp, B.*: Beurteilung der Viskosiereignung von Zellstoffen. Papier **20** (1966) S. 77—81.

[5] *Jayme, G.*, und *Harders-Steinhäuser, M.*: Zerfallsformen bei der Auflösung von Fasern als Auswirkung der Quellungsdynamik. Papier **10** (1956) S. 282—286.

[6] *Jayme, G.*, und *Harders-Steinhäuser, M.*: Vorgänge beim Quellen und Lösen faserförmiger Pflanzenzellen in neuen Lösungsmitteln. Papier **14** (1960) S. 228—234.

— : Beziehungen zwischen Feinbau und Quellungsformen von Cellulosefasern in Celluloselösungsmitteln. Z. wiss. Mikroskopie mikroskop. Technik **66** (1964) S. 54—63.

[7] *Dolmetsch, H., Franz, E.*, und *Correns, E.:* Zusammenhänge zwischen morphologischem Bau und Reaktionsweise technischer Zellstoffe. J. makromol. Chemie **1** (1943) S. 167—184.

[8] *Bartunek, R.:* Über Umsetzung, Quellung und Lösung von Cellulose in Elektrolytlösung. Papier **7** (1953) S. 153—158.

[9] *Peine, H.:* Über die Ursachen der Quellungserscheinungen beim Lösen von Faser-Celluloseacetaten. Dissertation Halle 1957.

[10] *Engelmann, H.:* Quellungserscheinungen und Reaktionsweise bei der Lösungs-Acetylierung von Cellulosefasern. Papier **11** (1957) S. 287—293.

[11] *Philipp, B.*, und *Wießner, P.:* Analytische Untersuchungen zur Eignungsbeurteilung von Rohlinters und Linterszellstoffen für die Acetylierung. Faserforsch. und Textiltechnik **24** (1973) S. 225—234.

[12] *Wießner, P.*, und *Philipp, B.:* Untersuchungen zur Filterwert-Bestimmung von Cellulosetriacetat-Lösungen und zur Analytik von Linterszellstoffen. Zellstoff u. Papier **19** (1970) S. 141—148.

[13] *Koura, A.*, und *Schleicher, H.:* Untersuchungen zur Quellung und Lösung von Cellulose in aminhaltigen Flüssigkeitsgemischen. 5. Mitt. zur Strukturveränderung von Cellulose durch Ammoniaklösungen. Faserforsch. und Textiltechnik **24** (1973) S. 82—86.

[14] *Treiber, E.* (Herausgeber): Die Chemie der Pflanzenzellwand. Berlin/Göttingen/Heidelberg: Springer 1957.

[15] *Klenkova, N. I.:* Umsetzung von Cellulose mit Aminen als aussichtsreicher Weg für die Aktivierung der Cellulose und die Steigerung ihrer Reaktionsfähigkeit bei den Prozessen zur Herstellung der verschiedenartigen Derivate. Ž. prikl. Chimii (Z. angew. Chemie) **40** (1967) 10, S. 2191—2208.
Klenkova, N. I., Matveeva, N. A., Kulakova, O. M., und *Volkova, L. A.:* Peculiarities of cellulose activation. Sintez Structura, Svoistva Polimerov (1970) S.279—282; Ref.: CA **74** (1971) 143150.

[16] *Koura, A., Schleicher, H.*, und *Philipp, B.:* Untersuchungen zur Quellung und Lösung von Cellulose in aminhaltigen Flüssigkeitsgemischen. 6. Mitt.: Zur Strukturveränderung von Cellulose durch Amine und Aminlösungen. Faserforsch. u. Textiltechnik **24** (1973) 5, S. 187—194.

Eingegangen am 3. Dezember 1973

Herstellung von gekräuseltem „MISR-Nylon" durch Reaktion mit Sulfurylchlorid

Samy Abdel Monem El-Garf und Y. Abou-Steet

Chemical Engineering Department, Alexandria University, ARE

DK 677.494.675:677.862.3:546.226'131—31:677.014.886:542.945.22:543.888

Gekräuseltes MISR-NYLON wurde durch Reaktion mit Sulfurylchlorid erhalten und die Reaktion untersucht. Der Einfluß der Konzentration von SO_2Cl_2, der Temperatur und des Faser/Flotten-Verhältnisses auf die Reaktion sowie der Kräuselungsgrad, die Reißlänge und die Reißdehnung wurden bestimmt. Es wurde festgestellt, daß der Kräuselungsgrad nicht nur vom prozentualen Schwefelgehalt, sondern auch von der Konzentration des Sulfurylchlorids in der Reaktionsmischung abhängt. Die durch Temperaturänderung bewirkte Zunahme des Schwefelgehaltes führt zu vergleichsweise stärkerem Abbau als die Zunahme des Schwefelgehaltes durch Verringerung des Faser/Flotten-Verhältnisses. Die Reaktions- und Abbaugeschwindigkeit sind in Tetrachlorkohlenstoff höher als in Toluol bei dessen Anwendung als Reaktionsmedium.

Получение извитого волокна ,,Миср-найлон,, путем взаимодействия с сульфурилхлоридом

В рамках изучения процесса получения извитого волокна ,,Миср-найлон,, изучено взаимодействие с сульфурилхлоридом, в частности, влияние его концентрации, температуры и модуля ванны на ход реакции. Кроме того, определены степень извитости, прочность и разрывное удлинение модифицированных волокон. Установлено, что степень извитости зависит не только от процентного содержания серы в модифицированном волокне, но и от концентрации сульфурилхлорида в реакционной смеси. Вызываемое путем изменения температуры повышение содержания серы приводит к более интенсивной деструкции волокна по сравнению с волокном, в котором повышение содержания серы достигалось путем снижения модуля ванны. Скорости реакции и деструкции в среде четыреххлористого углерода выше, чем в толуоле.

Crimped "MISR Nylon" by the Reaction with Sulphuryl Chloride

Cimped MISR NYLON was obtained by the reaction with sulphuryl chloride and the reaction was studied. The effect of the concentration of SO_2Cl_2, temperature and fiber-liquor ratio of the reaction, as well as on the degree of crimp, breaking length and elongation at break was studied. It was found that the degree of crimp depends not only on the percentage of sulphur content, but also on the concentration of sulphuryl chloride in the reaction mixture. The increase of sulphur content, due to change in temperature, causes more relative degradation, than the case in which this increase in sulphur content is due to decrease in fiber-liquor ratio. The rate of the reaction and degradation are relatively higher in carbon tetrachloride than in toluene, when they are used as mediums in the reaction.

Die Kräuselung von Fasern wird mechanisch, chemisch oder durch Mischen verschiedener Fasern mit unterschiedlichem Schrumpfvermögen herbeigeführt. Die mechanische Kräuselung ist nicht so beständig wie die chemische.

Durch Vernetzung wurden Fasern mit neuen Eigenschaften erhalten [1 bis 6]. Eine dieser wichtigsten Eigenschaften ist die chemisch bewirkte Kräuselung, die man insbesondere bei so gebräuchlichen Faserstoffen wie Polyamidfaserstoffen antrifft.

Die Sulfid-Vernetzung wurde bei dem sowjetischen Polyamidfaserstoff KAPRON durch Reaktion mit Schwefelmonochlorid [7, 8] sowie bei MISR-NYLON durch Reaktion mit Schwefeldichlorid erreicht [1]. Diese Sulfid-Vernetzung führt bei KAPRON [7, 8] und bei MISR NYLON [1] eine chemische Kräuselung herbei. Die chemische Kräuselung wurde auch schon früher von *Bruck* [2] als Ergebnis der Einführung von Disulfid-Vernetzungen in Polyamid 6 beobachtet. Auch die Vernetzung von Polyamid mit Formaldehyd ist bekannt [11].

Die Reaktion von Polyamidfaserstoffen mit Sulfurylchlorid wurde jedoch noch nicht untersucht. Deshalb ist es interessant, den Einfluß einiger Faktoren, wie Konzentration von Sulfurylchlorid, Zeit, Temperatur und verschiedenen Lösungsmitteln auf die Reaktion einerseits sowie die Beziehung zwischen Schwefelgehalt und Reißlänge sowie Kräuselungsgrad andererseits kennenzulernen.

Experimentelle Ergebnisse und Diskussion

Die benutzten Fasern waren von *Kafr El-Dawar* in Ägypten hergestellte Polyamid-6-Fasern (MISR NYLON) mit den/Einzelfaden 40:8 und einer Zwirnung von 200. Die Fasern waren nicht präpariert. Sie wurden mit einem Lösungsmittel/Pyridin-Gemisch von 5:1 während 30 min bei 80 bis 100 °C behandelt, dann wurde die Temperatur auf den erforderlichen Wert herabgesetzt, Sulfurylchlorid wurde zugesetzt und die Reaktion bei dieser Temperatur weitergeführt.

Die Konzentration des Sulfurylchlorids und die Art des Lösungsmittels wurden verändert. Das Faser/Flotten-Verhältnis betrug 1:50. Nach Abschluß der Reaktion wurden die Fasern mit Benzol, heißem Wasser und 1%iger wäßriger NaOH-Lösung bei Zimmertemperatur gewaschen, in 5%iger Natriumsulfitlösung gekocht und dann der Schwefelgehalt bestimmt [8].

Weil die Reaktion im heterogenen Medium durchgeführt wurde, war es schwierig, genaue und reproduzierbare Werte zu erhalten. Darauf wurde schon früher in bezug auf die Reaktion von S_2Cl_2 mit dem sowjetischen Polyamidfaserstoff KAPRON [8] und die Reaktion von SCl_2 mit MISR NYLON [1] hingewiesen. Unsere Werte sind Mittelwerte von fünf Experimenten. Die für jede Kurve oder Tabelle erforderliche Versuchsreihe wurde gleichzeitig in einem Thermostaten durchgeführt, so daß der relative Fehler vernachlässigbar war.

Strasnova u. a. [12] berichteten, daß Thionylchlorid mit KAPRON unter Bildung von vernetzten Fasern reagiert. Das vernetzte Polymere hatte 14,9 Schwefelvernetzungen pro 100 Caprolactameinheiten. Thionylchlorid hat bezüglich seiner Reaktion gewisse Ähnlichkeit mit Sulfurylchlorid. Um die vorteilhaftesten Reaktionsbedingungen zu finden, mußten einige diese Reaktion beeinflussende Faktoren untersucht werden. Zunächst bestimmten wir den Einfluß der Konzentration des Sulfurylchlorids auf den in der Faser nach Abschluß der Reaktion feststellbaren Schwefelgehalt. Die Ergebnisse sind in Tabelle 1 zusammengefaßt.

Aus dieser Tabelle geht hervor, daß bei Zunahme der Konzentration des Sulfurylchlorids im Reaktionsmedium von 2 auf 15% der Schwefelgehalt der behandelten Faser von 0,9 auf 10,2% ansteigt. Bei Sulfurylchloridkonzentrationen von mehr als 15% wurden die Fasern abgebaut und aufgelöst.

Auch das Aussehen der behandelten Fasern ändert sich. Wenn die Sulfurylchloridkonzentration von 2 auf 5% verändert wird, was einer Veränderung des Schwefelgehaltes von 0,9 auf 3,5% entspricht, haben die behandelten Fasern eine blaßweiße Farbe, aber eine blaßgelbe Farbe, wenn die Sulfuralchloridkonzentration von 5 auf 8% verändert wird, was einer Veränderung des Schwefelgehaltes von 4,7 auf 6,7% entspricht.

Der Kräuselungsgrad nimmt mit zunehmendem Schwefelgehalt ebenfalls zu. Bei einer Zunahme des Schwefelgehaltes von 0,9 auf 10,2% erhöht sich der Kräuselungsgrad von 1 auf 38%.

Tabelle 1. Einfluß der Konzentration von Sulfurylchlorid in der Reaktionsmischung auf den Schwefelgehalt, das Aussehen, die Reißlänge, den Kräuselungsgrad und die Reißdehnung

Konzentration Masse%	Schwefelgehalt %	Kräuselungsgrad %	Reißlänge Rkm	Reißdehnung %	Aussehen
0	—	—	40	20	weiß
2	0,9	1	31	15	blaßweiß
5	3,5	11	29	14	
8	4,7	18	27	15	
10	6,7	25	26	15	blaßgelb
15	10,2	38	22	15	dunkelgelb

Bedingungen: Reaktionsdauer: 4 h
Temperatur: 60 °C
Lösungsmittel: Tetrachlorkohlenstoff
Faser/Flotten-Verhältnis: 1:50

Es ist auch von Interesse, den Einfluß der Reaktionstemperatur auf den prozentualen Schwefelgehalt zu bestimmen. Die Reaktion wurde in Tetrachlorkohlenstoff und bei konstanter Sulfurylchloridkonzentration von 5% durchgeführt. Die Reaktionsdauer betrug 4 h und das Faser/Flotten-Verhältnis 1:50. Die Temperatur wurde zwischen 25 und 90 °C variiert. In diesem Temperaturbereich nimmt der Schwefelgehalt von 1 auf 8,8% zu (Tabelle 2).

Als Ergebnis der Reaktionstemperaturerhöhung nimmt die Reißlänge mit zunehmendem Schwefelgehalt ab. Gleichzeitig erhöht sich der Kräuselungsgrad. Jedoch ist diese Erhöhung weniger stark als bei den Werten in Tabelle 1, bei denen die Erhöhung des Kräuselungsgrades durch die Zunahme der Sulfurylchloridkonzentration bewirkt wird. Dies bedeutet, daß die Zunahme des Kräuselungsgrades nicht nur vom Schwefelgehalt, sondern auch von der Sulfurylchloridkonzentration in der Mischung abhängt. Ferner ist es interessant, den Einfluß des Faser/Flotten-Verhältnisses auf den Schwefelgehalt, den Kräuselungsgrad und die Reißlänge zu untersuchen. Die Ergebnisse sind in Tabelle 3 verzeichnet.

Tabelle 2. Einfluß der Reaktionstemperatur auf den Schwefelgehalt, die Reißlänge, den Kräuselungsgrad und die Reißdehnung

Reaktionstemperatur °C	Schwefelgehalt %	Kräuselungsgrad %	Reißlänge Rkm	Reißdehnung %
25	1,0	2,0	33	16
40	1,8	8,0	30	15
50	2,5	12,0	30	14
70	5,2	15,0	27	11
*80	7,2	18,0	28	10
*90	8,8	20,0	20	11

Bedingungen: Reaktionsdauer: 4 h
SO_2Cl_2-Konzentration: 5%
Lösungsmittel: Tetrachlorkohlenstoff
Faser/Flotten-Verhältnis: 1:50
* Lösungsmittel: Xylol

Tabelle 3. Einfluß des Faser/Flotten-Verhältnisses auf den Schwefelgehalt, die Reißlänge, den Kräuselungsgrad und die Reißdehnung

Faser/ Flotten-Verhältnis	Schwefelgehalt %	Kräuselungsgrad %	Reißlänge Rkm	Reißdehnung %
1: 10	6,2	16	26	14,0
1: 30	4,8	14	30	10,0
1:100	2,4	6	34	15,0
1:200	0,6	1	36	11,0

Bedingungen: SO_2Cl_2-Konzentration: 5%
Reaktionsdauer: 4 h
Reaktionstemperatur: 60 °C
Lösungsmittel: Tetrachlorkohlenstoff

Nach dieser Tabelle nimmt der Schwefelgehalt mit zunehmendem Faser/Flotten-Verhältnis ab. Wir haben diesen Einfluß bei zunehmendem Faser/Flotten-Verhältnis von 1:10 bis 1:200 ermittelt, wobei sich der Schwefelgehalt von 6,2 bis 0,6% änderte. Allgemein tritt eine plötzliche Zunahme des Schwefelgehaltes auf, wenn das Faser/Flotten-Verhältnis von 1:200 auf 1:100 abnimmt. Eine geringe Veränderung des Schwefelgehaltes entspricht einer starken Veränderung des Faser/Flotten-Verhältnisses. Bei Erhöhung des Faser/Flotten-Verhältnisses um das Doppelte, also von 1:100 auf 1:200, tritt eine starke Abnahme des Schwefelgehaltes auf etwa ein Viertel, nämlich von 2,4 auf 0,6% auf, während der Schwefelgehalt relativ schwach zunimmt, von 4,8 auf 6,2%, wenn das Faser/Flotten-Verhältnis auf ein Drittel, von 1:30 auf 1:10, herabgesetzt wird. Auch wenn das Faser/Flotten-Verhältnis von 1:30 auf 1:100 verändert wird, nimmt der Schwefelgehalt von 4,8 auf 2,4% ab.

Mit abnehmendem Faser/Flotten-Verhältnis erniedrigt sich die Reißlänge von 36 auf 26 Rkm. Die Reißlänge wurde zunächst von 40 Rkm für den Ausgangsfaden auf 36 Rkm herabgesetzt, was einer Veränderung des Schwefelgehaltes von 0 auf 0,6% entspricht. Dann nimmt die Reißlänge mit zunehmendem Schwefelgehalt allmählich ab. Durch Vergleich der Werte für die Reißlänge in Tabelle 2 und Tabelle 3 erkennt man, daß ihre Abnahme mit zunehmendem Schwefelgehalt in Tabelle 2 relativ schneller erfolgt als in Tabelle 3. Das bedeutet, daß der durch Temperaturzunahme verursachte Anstieg des Schwefelgehaltes einen relativ stärkeren Abbau verursacht als die durch Abnahme des Faser/Flotten-Verhältnisses hervorgerufene Zunahme des Schwefelgehaltes. Der Kräuselungsgrad nimmt mit zunehmendem Schwefelgehalt ebenfalls zu.

Aus den Tabellen 1, 2 und 3 geht hervor, daß die in Tabelle 1 verzeichneten Werte für den Kräuselungsgrad erheblich höher sind als die Werte in den Tabellen 2 und 3. Mit anderen Worten, der Kräuselungsgrad ist erheblich höher, wenn der Anstieg des Schwefelgehaltes durch Konzentrationszunahme des Sulfurylchlorids in der Reaktionsmischung verursacht wird. Dies hat seine Ursache wahrscheinlich in der Veränderung der physikalischen Struktur oder der Form der Vernetzungen.

Ferner wurde der Einfluß des Lösungsmittels auf die Reaktion und die Reißlänge bestimmt. Zu diesem Zweck benutzten wir Tetrachlorkohlenstoff und Toluol als Reaktionsmedium. Dabei waren die Sulfurylchloridkonzentration 5%, das Faser/Flotten-Verhältnis 1:50 und die Reaktionstemperatur 60 °C. Die Reaktionsdauer wurde von 1 bis 5 h verändert. Die Ergebnisse sind in Bild 1 und Bild 2 veranschaulicht. Bild 1 zeigt den Einfluß von Tetrachlorkohlenstoff (Kurve 1) und Toluol (Kurve 2) auf die zeitliche Veränderung des Schwefelgehaltes. Kurve 1 in Bild 1 zeigt eine relativ hohe Reaktionsgeschwindigkeit bis zur Reaktionsdauer von 2,5 h, während die Reaktion danach langsamer wird. Auch die Kurve 2 zeigt eine relativ hohe Anfangsgeschwindigkeit der Reaktion, die jedoch geringer ist als bei Kurve 1. Mit anderen Worten, durch die Kurven 1 und 2 wird derselbe kinetische Verlauf zum Ausdruck gebracht. Wenn Tetrachlorkohlenstoff als Reaktionsmedium benutzt wird, ist die Reaktionsgeschwindigkeit etwas höher als bei der Anwendung von Toluol.

Der Abbau der behandelten Fäden ist bei Anwendung von Toluol geringer als bei Tetrachlorkohlenstoff als Lösungsmittel. Kurve 1 in Bild 2 zeigt die Beziehung zwischen dem Schwefelgehalt und der Reißlänge bei Anwendung von Toluol als Lösungsmittel, Kurve 2 zeigt diese Beziehung bei der Anwendung von Tetrachlorkohlenstoff. Daß Kurve 1 höher liegt als Kurve 2 bedeutet, daß die Reaktion bei Anwendung von Toluol mit geringerem Abbau verbunden ist.

Literatur

[1] *El-Garf, S. A.:* Vernetzung des ägyptischen PERLON-Faserstoffes durch Reaktion mit Schwefeldichlorid. Faserforsch. u. Textiltechnik **22** (1971) S. 6–8.

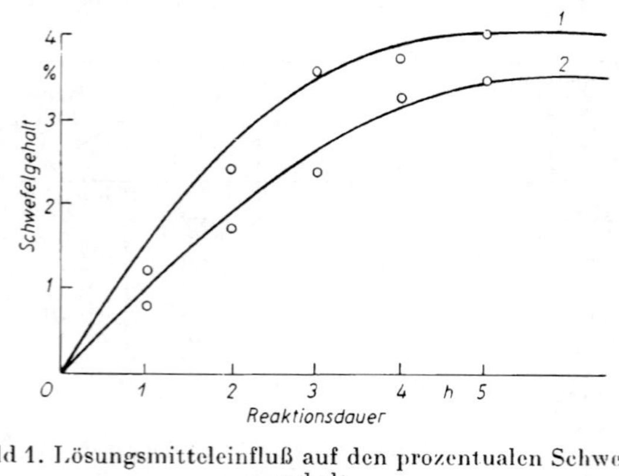

Bild 1. Lösungsmitteleinfluß auf den prozentualen Schwefelgehalt
1 — Tetrachlorkohlenstoff, 2 — Toluol

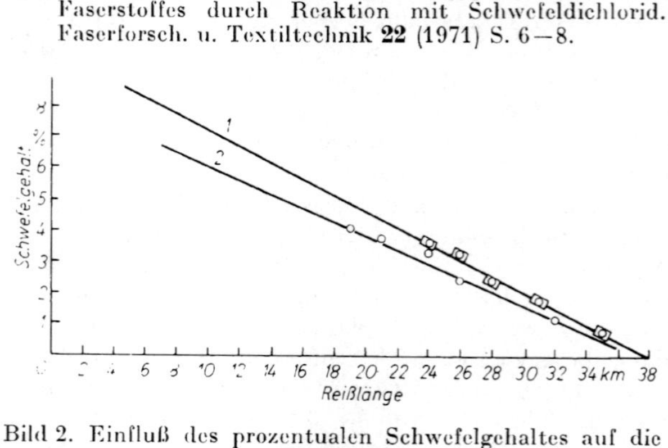

Bild 2. Einfluß des prozentualen Schwefelgehaltes auf die Reißlänge
1 — Toluol, 2 — Tetrachlorkohlenstoff

[2] *Bruck, S. D.:* Fiber-structure property relationships: A disulfide cross-linked self-crimping polyamide. J. Res. Nat. Bur. Standards **A 65** (1961) 6, S. 489—494.
[3] *Bruck, S. D.:* Ultraviolet stability of cross-linked polycaprolactam systems. J. Res. Nat. Bur. Standards **A 66** (1962) 6, S. 489—495.
[4] *Ajchodžaev, B. I., Usmanov, Ch. U., Inojatov, N. S.,* und *Zaurov, R. I.:* Die Vernetzung von Hydratcellulosefasern mit Chlorschwefel. Vysokomol. Soed. (Hochmol. Verbind.) **3** (1961) 6, S. 806—810.
[5] *Inojatov, N. S.,* und *Ajchodžaev, B. I.:* Einfluß von Vernetzungen auf chemische und physikomechanische Eigenschaften von Polyvinylalkoholfasern. Chim. fizchim. prirodn. sintetich Polimerov, Akad. Nauk uz SSR, Inst. Chim. Polimerov (1964) 2, S. 169—174.
[6] *Bruck, S. D.:* Fiber-structure property relationships. II. Macroscopic deformation of alkylene sulfide cross-linked polycaprolactam fibers. J. Res. Nat. Bur. Standards **A 66** (1962) 1, S. 77—81.
[7] *Smol'nikova, L. G., Konkin, A. A.,* und *Makarevič, N. I.:* Strukturierung von KAPRON-Fäden mit Lösungen von Dischwefeldichlorid. Chim. Volokna (Chem. Fasern) (1966) 1, S. 26—29; dt. in: Sowj. Beitr. Faserforsch. Textiltechnik **3** (1966) 5, S. 246—249.
[8] *Strašnova, T. T., Michajlov, N. V.,* und *Majboroda, V. I.:* Strukturierung von KAPRON-Fäden mit Lösungen von Dischwefeldichlorid. Chim. Volokna (Chem. Fasern) (1966) 1, S. 22—26; dt. in: Sowj. Beitr. Faserforsch. Textiltechnik **3** (1966) 5, S. 242—246.
[9] *Glazer, J.,* und *Schulman, J. H.:* Vulcanisation of crepe rubber by sulphur monochloride. Part I. J. Polymer Sci. **14** (1954) 74, S. 169—179.
[10] *Glazer, J.:* Vulcanisation of crepe rubber by sulphur monochloride. Part II. The dilatometer method. J. Polymer Sci. **14** (1954) 75, S. 225—240.
[11] *Chakimova, A. Ch., Kudrjavcev, G. I., Vasil'eva-Sokolova, E. A.,* und *Garbačeva, V. O.:* Herstellung von vernetzten Polyamidfäden. Chim. Volokna (Chem. Fasern) (1965) 6, S. 29—32; dt. in: Sowj. Beitr. Faserforsch. Textiltechnik **3** (1966) 3, S. 134—138.
[12] *Strasnova, T. T., Michajlov, N. V.,* und *Majboroda, V. I.:* Herstellung von vernetzten KAPRON-Fasern. Ž. vsesojuz chim. Obšč. Mendeleeva. **10** (1965) 6, p. 712 bis 714.

Eingegangen am 23. Januar 1974

Gegenwärtige Vorstellungen über die Struktur, die Spinnprinzipien und die physikalischen Eigenschaften hochorientierter Chemiefaserstoffe[1])

K. E. Perepelkin

Leningrader Filiale des Allunionskunstfaserinstituts

DK 677.4:677.021.125.2/.3:677.014.87:677.017.4:001.18

Die Arbeit enthält Betrachtungen zum gegenwärtigen Entwicklungsstand auf dem Gebiet der in geringem oder mittlerem Umfang erzeugten Faserstoffe und Fasermaterialien mit hoher Festigkeit und guten anderen Eigenschaften sowie der physikalischen und physikochemischen Grundlagen ihrer Herstellung und Orientierung. Es folgt eine Voraussage der Eigenschaften von Faserstoffen mit den besten mechanischen Kennwerten.

Современные представления о структуре, методах формования и физико-механических свойствах высокоориентиованных химических волокон

Рассмотрены состояние развития области мало- и среднетоннажных волокон и волокнистых материалов с высокой прочностью и высокими другими свойствами, а также физические и физико-химические основы формования и ориентации их. Проведен прогноз свойств волокон с наиболее высоким комплексом механических показателей.

Present Conceptions about the Structure, the Spinning Principles and the Physical Properties of High Oriented Man-made Fibers

It is reportet on the present status of development in the field of fibers and fibrous materials with high tenacity and other valuable properties, produced on small or medium scale, and also the physical and physico-chemical bases of their production and orientation. The fiber properties with the best possible range of the mechanical characteristics are predicted.

Alle sich erweiternden Anwendungsgebiete orientierter Polymermaterialien in Form von Fasern, Folien oder nadelförmigen Einkristallen stellen den Forschern und Technologen viele Aufgaben zur Vervollkommnung der bestehenden und zur Schaffung neuer Herstellungsmethoden, zur Untersuchung und Voraussage von Eigenschaften und deren Beziehung zur Struktur, Aufgaben zur Erklärung der maximalen Eigenschaften (Grenzwerte der Eigenschaften) und der Gründe, die die Abweichung der realen Eigenschaften von den vorhergesagten hervorrufen [1 bis 9]. Die Betrachtung dieses Problems ist Gegenstand der vorliegenden Arbeit.

Grundlegende Strukturcharakteristiken faserbildender Polymerer

Unter den Eigenschaften der Polymeren sind die bestimmenden Faktoren: die molekulare Struktur, die Konformationscharakteristiken der Makromoleküle, die übermolekulare Struktur der Probe und die energetischen Wechselwirkungen, sowohl die intra- als auch die intermolekularen. Fasern und Faserstoffe können aus Polymeren mit linearen, Schicht- oder vernetzten Strukturen aufgebaut sein. Für hochorientierte Polymersysteme ist das Vorhandensein verschiedener Typen übermolekularer Strukturen charakteristisch, von denen die folgenden betrachtet werden sollen (siehe Bild 1) [10 bis 15].

1. Die amorph-kristalline Struktur, die durch Fibrillengebilde mit aufeinanderfolgenden Anordnungen von amorphen und kristallinen Bereichen angenähert werden kann, ist hinreichend ausführlich in der Literatur beschrieben.

   In Abhängigkeit vom Grad der Biegsamkeit der Molekülketten und den Herstellungsbedingungen der Proben kann in den kristallinen Strukturbereichen

[1]) Vorgetragen auf dem Wissenschaftlichen Kongreß „Technologie der Herstellung und Verarbeitung von Chemiefaserstoffen "in Leipzig, 5. bis 7. September 1973.

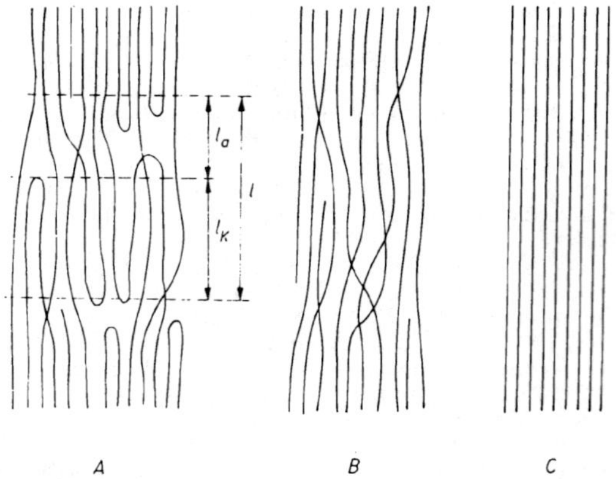

Bild 1. Bauprinzip einiger hochorientierter Systeme aus linearen Polymeren

A — amorph-kristalline Fibrillarstruktur
l_a — Länge der amorphen Bereiche
l_k — Länge der Kristallite
l — große Periode
B — teilweise geordnete ungefaltete Fibrillarstruktur
C — idealer Polymerkristall

ein Teil der Ketten gefaltet sein, wodurch die Zahl der durchführenden Ketten in den amorphen Bereichen wesentlich geringer sein kann als in den kristallinen.

2. Die einheitlich geordnete Fibrillarstruktur besitzt keine sichtliche Trennung in zwei Typen von Bereichen. Es ist möglich, sie bedingt durch eine stark defekte kristalline oder eine hochgeordnete amorphe Struktur anzunähern.
3. Als maximaler Ordnungszustand der Polymerstruktur ist die 100%ige Kristallinität und die ideale Orientierung der Molekülketten oder -schichten (Desorientierungswinkel gleich Null) anzusehen, was dem idealen Polymereinkristall entspricht.

Reale Polymerkristalle besitzen in den meisten Fällen eine gefaltete Struktur. Aber in der Literatur sind bereits mehrere Fälle beschrieben, in denen es gelingt, Einkristalle mit gereckten Makromolekülen ohne Kettenfaltungen zu erhalten.

Neben den Konformationscharakteristiken der Makromoleküle und der übermolekularen Struktur der Polymeren werden die Eigenschaften durch die energetischen Wechselwirkungen zwischen den Atomen und den funktionellen Gruppen in den Ketten sowie durch die Wechselwirkungen zwischen den Ketten bestimmt [16 bis 22]. Grundlegende funktionelle Beziehungen für die Abschätzung dieser Wechselwirkungen sind in der nachstehenden Aufstellung angegeben.

Die Funktion der interatomaren Wechselwirkungen nach Morse:

$$U = U_0 + U a(1 - e^{-a(l-l_0)})^2;$$

U_0 = Nullenergie der Bindung,
U_a = Dissoziationsenergie der Bindung,
l = Länge des Zwischenatomabstandes,
a = $\pi \cdot c \cdot \nu \, (2m/U\partial)^{0,5}$,
c = Geschwindigkeit der elektromagnetischen Wellen,
ν = Wellenzahl der Bindung,
m = reduzierte rel. Atommasse.

Formel nach Mi (oft angewandt für die Berechnung intermolekularer Wechselwirkungen):

$$U = \frac{A}{l^n} - \frac{B}{l^m} = \frac{U\partial}{n-m}\left[n\left(\frac{l_0}{l}\right)^m - m\left(\frac{l_0}{l}\right)^n\right];$$

A u. B = Konstanten,
m u. n = Kennziffern, die die Wirkung der Abstoßungs- und Anziehungskräfte charakterisieren (für die kovalente Bindung $m \simeq 6$ und $n \simeq 12$).

Potentielle Energie der Valenzwinkeldeformation:

$$U_\Theta \simeq \frac{Ky}{2}(\Delta\Theta)^2;$$

K_y — Kraftkonstante der Valenzwinkeldeformation,
Θ — Valenzwinkel.

Potentielle Energie der inneren Drehung um die Bindung:

$$U\varphi = \sum C_n(1 - \cos n\varphi);$$

C_n — *Fourier*koeffizient,
φ — Drehungswinkel vom Extremwert der Funktion.

Die Kräfte, die den Wechselwirkungen entsprechen, und die Kraftkoeffizienten berechnet man aus der ersten und zweiten Ableitung dieser Funktionen nach dem Abstand.

Die Polymerfasern sind typische Vertreter heterodynamischer Strukturen mit zwei Bindungsarten verschiedener Energie: bei interatomarer Bindung ca. 200 bis 500 kJ/mol und bei intermolekularer ca. 4 bis 40 kJ/mol. Infolgedessen gibt es in orientierten Polymerfasern neben einer Anisotropie der geometrischen Gestalt und der Anordnung der Makromoleküle und der übermolekularen Struktur auch eine Anisotropie von Energie- und Kraftkenndaten der Struktur [4, 5, 6, 9, 20, 21, 22]. Die mechanischen und anderen physikalischen Eigenschaften der Polymeren werden bestimmt durch die Intensität der Deformations- und Rotationsschwingungen von Atomen und funktionellen Gruppen, das heißt durch die Größe der inneren Energie (des Wärmeinhalts), die von der Temperatur und dem Wirken äußerer Felder (Kraft-, elektrische und magnetische Felder) abhängt. Das alles muß berücksichtigt werden, wenn man Verarbeitungsprozesse oder Eigenschaften von Polymermaterialien betrachtet.

Für die Deutung von Struktur-Eigenschafts-Korrelationen ist eine Reihe von quantitativen Strukturkenndaten der Polymeren sehr wichtig, insbesondere die in den Tabellen 1 und 2 aufgeführten [4, 5, 6, 9, 20 bis 28].

Grundforderungen an die Struktur und die Eigenschaften von Polymeren für hochfeste und Hochmodul-Fasern

Die Herstellung von hochfesten, hochmoduligen, orientierten Polymeren ist an eine Reihe von Bedingungen geknüpft: An die Wahl von Polymeren, die eine optimale molekulare und übermolekulare Struktur besitzen, sowie an die Wahl optimaler Bedingungen für deren Verarbeitung, Erprobung und Einsatz.

Tabelle 1. Einige Strukturkenndaten von Polymeren

a)	Die Dissoziationsenergie für chemische Bindungen in der Kette, bezogen auf 1 mol	U
	Einfachbindungen	190···320 kJ/mol
	Aromatische Bindungen	400···550 kJ/mol
	Doppelbindungen	450···700 kJ/mol
b)	Zahl der durchgehenden Ketten in den kristallinen Strukturbereichen	i
	in linearen Polymeren	(1,5···6) 10^{14} I/cm²
	in Schichtstrukturen	(6···12) 10^{14} I/cm²
c)	Anteil der durchgehenden Ketten in den amorphen Strukturbereichen	y
	bewegt sich in den Grenzen	50···100%
d)	Kristallinitätsgrad von amorph-kristallinen Polymeren	x_K
	bewegt sich in den Grenzen	45··· 90%
e)	Dissoziationsenergie der intermolekularen Bindungen, bezogen auf 1 mol	D_M
	bewegt sich in den Grenzen	4··· 40 kJ/mol
f)	Volumenspezifische Energie der intermolekularen Wechselwirkung, bezogen auf die Volumeneinheit der kristallinen Strukturbereiche	D_{spez}
	(Werte sind in Tabelle 2 aufgeführt)	
g)	Glastemperatur des Polymeren	t_G
	(Werte sind in Tabelle 2 aufgeführt)	
h)	Schmelztemperatur des Polymeren	t_S
	(Werte sind in Tabelle 2 aufgeführt)	

Für die Herstellung hochfester, hochmoduliger Materialien sind erforderlich:

1. Eine maximale Energie der interatomaren Bindungen innerhalb der Polymerketten oder -schichten. Das entspricht den höchsten Kraftkoeffizienten der Bindungen und der größten Kraft, die für die mechanische Dissoziation (Sprengung der Moleküle) nötig ist.
2. Die größte Annäherung der Richtung aller Bindungen in der Kette an die Richtung der Kettenachse.
3. Der kleinstmögliche wirksame Kettenquerschnitt und die Abwesenheit von sperrigen zyklischen Strukturen, Seitenketten und Verzweigungen.
4. Maximale Regularität im Kettenaufbau.
5. Eine maximale Zahl durchgehender Ketten und die Abwesenheit gefalteter Strukturen in den amorphen Bereichen.
6. Eine maximale Ordnung der Probe, d. h. eine maximale Kristallinität (ein minimaler Gehalt amorpher, ungeordneter Strukturbereiche). Bei einer guten Kettenpackung trägt die thermische Fluktuation infolge der schnelleren Vernichtung der Fluktuationsenergie und der größeren Rekombinationswahrscheinlichkeit für dissoziierte Bindungen in geringerem Maße zur Bindungszerstörung bei.
7. Eine maximale Orientierung der Molekülketten (im Grenzfall nähert sich der Desorientierungswinkel Null). Im allgemeinen entfallen auf die amorphen, ungeordneten Strukturbereiche die geringste Orientierung und die größte Kettenlängendifferenz.
8. Eine unbedingte Voraussetzung der Polymeren zur Eignung für die Herstellung von Hochmodulfasern ist ihre hohe Einfriertemperatur (höher als die Einsatztemperatur).
9. Für das Verhältnis der intermolekularen Wechselwirkungsenergie zur Biegsamkeit der Polymerketten muß ein Optimum bestehen. Bei sehr geringer intermolekularer Wechselwirkung und bedeutender Kettenbeweglichkeit gibt es eine niedrige Phasenübergangstemperatur. Das führt dazu, daß Desorientierungsprozesse eine größere Rolle bei der Faserherstellung spielen.
   Bei zu großen intermolekularen Wechselwirkungen oder zu großer Starrheit der Molekülketten geht die Verarbeitbarkeit verloren, nimmt die Löslichkeit ab und die Schmelztemperatur steigt; sie nähert sich der Zersetzungstemperatur.
10. Eine bestimmte Länge der Molekülketten (d. h. einen bestimmten Polymerisationsgrad). Je größer die intermolekularen Wechselwirkungen, umso geringer ist die minimal zulässige Kettenlänge. Diese Kennziffer ist mit der Auswahl optimaler Erspinnbedingungen verknüpft, denn sie bestimmt die für die Verarbeitbarkeit der Polymerlösungen oder -schmelzen notwendige Temperatur.

Tabelle 2. Einige Strukturkenndaten von linearen Polymeren

Polymere	U kJ/mol	i 10^{14} (I/cm²)	X_k %	D kJ/mol	D_{spez} kJ/cm³	t_G °C	t_S °C
Polyäthylen	250···320	5,5	65···90	8,4···10,9	0,30···0,39	(70···90)	138
Polypropylen	230···270	2,85	55···90	10,1···17	0,28···0,37	(12···20)	176
Polyacrylnitril	200···215	3,4	klein	27···28	0,63···0,71	75···110	320
Polyvinylalkohol	250···315	4,8	65···70	33,5···42	1,03···1,3	75···130	230
Polycaproamid	185···205	5,5	45···70	46···65	0,5 ···0,71	40···50	215
Polyäthylenterephthalat	260···290	4,85	40···60	46···61	0,35···0,45	80···100	265
Polyoxymethylen	180···200	5,8	60···85	7,1···10,9	0,36···0,54	(70···80)	180
Cellulose	160···180	3,1	40···60	78···94	0,75···0,92	220···370	zersetzt sich
Cellulosetriacetat	—	1,5	15···20	43···61	0,21···0,38	170···180	—
Poly-p-Benzamid	—	4,85···5	—	—	—	380···400	550···600 (unter Zersetzg.)
Poly-p-Phenylenterephthalamid	—	4,85···5	—	—	—	380···400	550···600 (unter Zersetzg.)
Polyimid PM	—	4,0	—	—	—	380···400	zersetzt sich

Für die Erzeugung von Fasern mit einem Komplex guter mechanischer Eigenschaften ist es nötig, struktureinheitliche, maximal orientierte Polymersysteme mit minimalem Gehalt an „Schwachstellen" und Defekten herzustellen. Neben den oben genannten Forderungen zur molekularen und übermolekularen Struktur ist es erforderlich, eine maximal einheitliche Makrostruktur ohne innere Porosität, ungleichmäßige Querschnitte usw. zu schaffen. Solche Erscheinungen, wie die letztgenannten, verhindern das Erreichen guter mechanischer Eigenschaften.

Durch die oben dargelegten Faktoren werden die Wege zur Herstellung von hochfesten und hochmoduligen Fasern und Folien bestimmt.

Der erste Weg erfordert die Herstellung eines struktureinheitlichen, nichtorientierten Systems, das einer Umstrukturierung unterworfen wird und das beim Recken maximale Reckgrade und maximale Orientierungen zuläßt. Beim zweiten Weg werden bereits während des Erspinnens maximal einheitliche *Strukturen mit einer hohen Orientierung* erzeugt, die in einer Reihe von Fällen durch zusätzliches Orientierungsrecken oder thermische Behandlung verbessert werden können.

Die Herstellung von hochorientierten Fasern aus Polymeren mit biegsamen Ketten

Gegenwärtig werden sehr feste, hochorientierte Fasern aus den traditionellen Polymeren hergestellt (diese kann man als Fasern der „alten Generation" bezeichnen): Polyvinylalkohol, Polyformaldehyd, aliphatische Polyamide, Polyäthylenterephthalat und Regeneratcellulose.

Die wichtigste Bedingung beim Erspinnen hochfester Fasern aus den angegebenen Polymeren ist es, nach dem Erspinnen struktureinheitliche Fasern mit unbedeutender Orientierung zu erhalten. Es ist besonders wichtig, daß diese Fasern keine Heterogenitäten in der Makrostruktur besitzen; das bedeutet, daß sie keine Strukturunterschiede zwischen Mantel und Kern aufweisen, die für das Naßspinnverfahren und stark wirkende Fällbäder charakteristisch sind [29].

Zur Erlangung hoher mechanischer Eigenschaften müssen die frisch ersponnenen Fasern einem Orientierungsrecken und in Abhängigkeit von den Eigenschaften des Polymeren einer Relaxationsbehandlung unterworfen werden.

Während dieser Behandlungen finden Orientierungs- und Desorientierungsprozesse, die Relaxation innerer Spannungen, die Kristallisation und die Umwandlung der übermolekularen Struktur statt. Durch diese Prozesse werden die physikalisch-mechanischen Eigenschaften verbessert sowie die Wärme- und Wetterbeständigkeit der Fasern erhöht.

Während der Herausbildung der Faserstruktur spielt bei der Anordnung der Makromoleküle die Biegsamkeit eine große Rolle. Bei der Strukturbildung von Polymeren mit großer Kettenbeweglichkeit werden im allgemeinen kristalline Bereiche mit einer gefalteten Struktur (Kettenfaltungen) gebildet, und in den amorphen Bereichen werden bedeutende Kettenlängendifferenzen beobachtet.

Die Tendenz zur Bildung von Faltungen vermindert sich mit zunehmender Steifheit der Ketten und ist bei sehr steifkettigen Polymeren im allgemeinen ausgeschlossen [30]. Bei geringer Anzahl von Faltenbildungen, wenn fast alle Ketten durchgehend sind, muß man eine höhere Festigkeit der Fasern erwarten, was auch in Wirklichkeit der Fall ist. Das läßt sich erreichen durch hohe Reckgrade und Fixierung der erhaltenen Struktur durch intermolekulare Bindungen. Für den Ablauf der Orientierungs-, Relaxations- und Kristallisationsprozesse ist es nötig, den Makromolekülen und Strukturelementen innerhalb der Faser eine ausreichende Beweglichkeit zu verleihen. Das ist durch die Wirkung von Plastifikatoren oder durch die Temperatur möglich. Bei der Plastifizierung der Fasern dringt der Plastifikator bevorzugt in die amorphen Strukturbereiche ein, fast ohne die kristallinen Bereiche zu berühren. Deshalb kann man bei Plastifizierungsprozessen im allgemeinen keine tiefgreifenden Umstrukturierungen erzielen, wie sie für das Erreichen einer hohen Orientierung und der vollständigen Relaxation der inneren Spannungen notwendig sind. Beim Erwärmen wird eine bei weitem bessere Umstrukturierung und eine hohe Orientierung sowie die Relaxation der inneren Spannungen erreicht. Jedoch ist bei einigen Polymeren die alleinige Anwendung von Temperatureinwirkungen durch die ungenügende thermische Stabilität dieser Polymeren begrenzt. Deshalb wird in einer Reihe von Fällen die Thermoplastifizierung angewandt, die jedoch dadurch begrenzt ist, daß bei stärkeren Erwärmungen der Plastifikator beginnt, die Faser aufzulösen.

In den Bildern 2 und 3 sind für die unter verschiedenen Versuchsbedingungen durchgeführten Prozesse der Orientierungsreckung und der Relaxationsbehandlung von Fasern und Fäden die Geschwindigkeits- und Spannungsverteilung schematisch dargestellt sowie die Prozesse in Zonen bzw. Perioden eingeteilt. Bei allen Ausführungen dieser Prozesse kann man grundlegende Zonen bzw. Perioden unterscheiden:

1. Zone (Periode) der Plastifizierung der Faser (Erwärmung oder Quellung), nach der die Orientierungsreckung beginnt.
2. Zone (Periode) der wirksamen Orientierungsreckung, in der die Orientierungs-, Relaxations- und Kristallisationsprozesse unter Einfluß eines in Faserachse wirkenden Kraftfeldes ablaufen.
3. Zone (Periode), in der sich nach Abschluß der Orientierungsverfestigung die Relaxations- und Kristallisationsprozesse fortsetzen.

Für die Erzeugung von Fasern mit vollständig relaxierter Struktur stellt die thermische Behandlung ein unbedingt notwendiges Prozeßstadium dar. Je nachdem, ob diese oder jene Fasereigenschaften erhalten werden sollen, wird die thermische Behandlung entweder im freien Zustand oder mit vorgegebener Schrumpfung bzw. bei konstanter Länge (im fixierten Zustand) oder auch bei konstanter Fadengeschwindigkeit [31 bis 34] durchgeführt. Diese Prozesse sind in Bild 3 besonders dargestellt.

Schema 1. Die thermische Reckung und die thermische Behandlung werden getrennt durchgeführt. Während der im freien Zustand durchgeführten thermischen Behandlung kann die Faser frei schrumpfen (Kurve 1 in Bild 2). Infolgedessen verringert sich die Orientierung, erniedrigen sich die Festigkeit und der Elastizitätsmodul, während sich die Reißdehnung vergrößert.

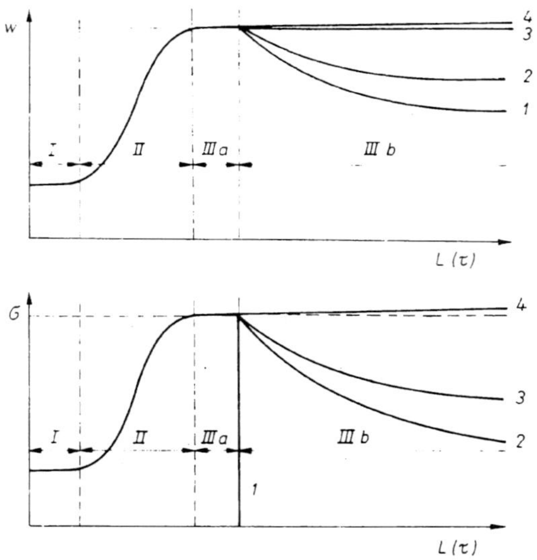

Bild 2. Änderungen der Geschwindigkeit (w) und der Spannung (σ) mit der Länge der Reckzone (I, II und IIIa) bzw. der Zone für die thermische Behandlung (IIIb) für verschiedene Prozeßschemata. Die thermische Behandlung wird durchgeführt

1 — mit freier Schrumpfung,
2 — mit vorgegebener Schrumpfung,
3 — bei konstanter Geschwindigkeit (konstanter Länge),
4 — bei konstanter oder leicht wechselnder Spannung
$L(\tau)$ = Länge der Reckzone (Reckzeit)

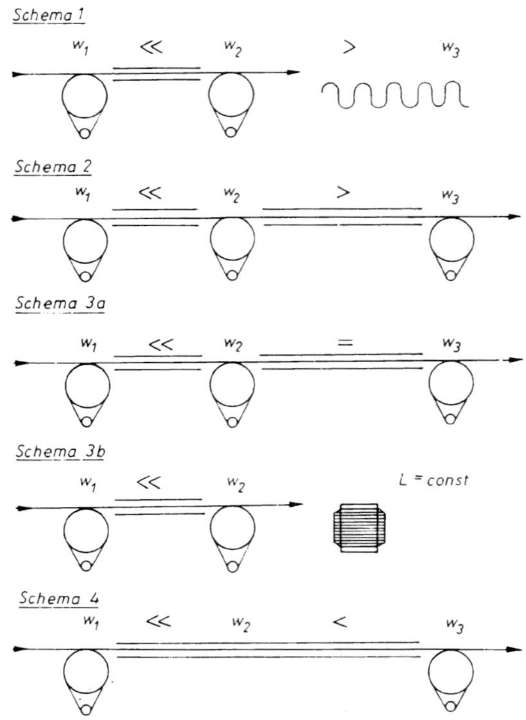

Bild 3. Schemata der Prozesse Reckung und thermische Behandlung

Schema 2. Dieses Schema unterscheidet sich vom ersten dadurch, daß die thermische Behandlung bei vorgegebener Schrumpfung durchgeführt wird (Kurve 2 in Bild 2). Das erlaubt, die Veränderung der Fasereigenschaften zu regulieren. Je größer die Schrumpfung bei der thermischen Behandlung ist, desto größer wird die Dehnung der Faser und umso geringer ihre Festigkeit.

Schema 3a oder 3b. In diesem Falle wird die thermische Behandlung bei konstanter Geschwindigkeit der Galetten 2 und 3 bzw. bei konstanter Fadenlänge durchgeführt (Kurve 3 in Bild 2). Während der Behandlung relaxiert die Spannung allmählich, und dementsprechend kann sich die Orientierung etwas verringern.

Schema 4. Es wurde eine neue Art von thermischen Behandlungen ausgearbeitet, bei denen in diesem Stadium eine sehr geringe Reckung angewandt wird, so daß sich die Spannung während des Prozesses nicht verringert. Mit einiger Näherung kann man annehmen, daß dieser Prozeß bei $\sigma \simeq$ const. und w bzw. $l \simeq$ const. abläuft (Kurve 4 in Bild 2).

Nur das vierte, das letzte Schema erlaubt es, gleichzeitig eine hohe Orientierung, eine maximale Zahl durch die amorphen Bereiche gehender Ketten, einen hohen Kristallinitätsgrad der Fasern und eine hinreichend genügende Relaxation der inneren Spannungen zu erreichen.

Die Temperatur-Zeit-Bedingungen des Reck- und des Relaxationsprozesses werden durch eine Reihe von Faktoren bestimmt: Durch die Temperatur, durch die Prozeßzeit, durch die Größe der mechanischen Spannung und auch durch den Reckgrad, der unmittelbar mit den zu erreichenden mechanischen Eigenschaften verbunden ist [35].

Die effektive Durchführung der Orientierungsreckung und der thermischen Behandlung ist möglich bei Temperaturen oberhalb der Glastemperatur, wenn die Prozeßzeit für das Relaxationssystem in der Größenordnung der Behandlungsdauer bei der gegebenen Temperatur nahekommt (siehe Bild 4).

Wenn die Relaxationszeit bedeutend geringer ist als die Reckzeit, so findet hauptsächlich die plastische Deformation statt, die keinen bedeutenden Effekt auf die Orientierung ausübt. Wenn dagegen die Relaxations-

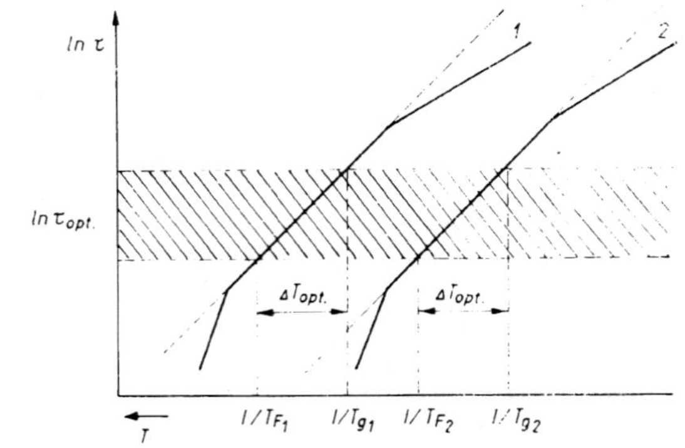

Bild 4. Schema der Wechselwirkung von Reck- und Relaxationszeit für Fasern bei verschiedenen Temperaturen

1 — ohne Plastifikator
2 — mit Plastifikator
T_g — Glastemperatur
T_F — Fließtemperatur
ΔT_{opt} — optimales Temperaturintervall für die Reckung
τ_{opt} — optimale Reckzeit

Tabelle 3. Beispiele für das Hochtemperaturrecken von Fasern und Folien

Faser- bzw. Folienart	Schmelz-temp. ohne Belastung °C	Reck-tem-pera-tur °C	Reck-grad	erreichte Festig-keit p/tex
Polypropylen	170···176	180	8,7	85
Polyvinylalkohol (naßgesponnen)	225···230	250	14	120
Polyvinylalkohol-folie (naßgeformt)	225···230	240	19	210
Polycaproamid	212···215	240	7	166

zeit bedeutend größer ist als die Reckzeit, dann kann der Orientierungsprozeß wegen der geringen Beweglichkeit der Makromoleküle nicht ablaufen. Die wesentliche Erhöhung der Reckspannung führt zum Fadenriß.

Unter dem Einfluß eines Kraftfeldes erhöht sich die Schmelztemperatur der Polymeren [36, 37]. Es werden Reckprozesse möglich bei Temperaturen oberhalb der Schmelztemperatur der unbelasteten Faser.

Zur Erzielung hoher Festigkeiten sind solche Prozesse vorgeschlagen worden für Polypropylen-, Polyvinylalkohol- und Polycaproamidfasern [31, 38 bis 42]. Einige Angaben über diese Fasern sind in Tabelle 3 dargestellt. Das gleichzeitige Einwirken von hoher Temperatur und mechanischer Spannung erhöht den Reckgrad, fördert das Erreichen einer hohen Orientierung und die Relaxation der inneren Spannungen. Der vereinigte Prozeß des Thermoreckens und der thermischen Behandlung bei Temperaturen oberhalb der Schmelztemperatur der Faser ist am besten am Beispiel hochmoduliger Polyvinylalkoholfasern untersucht worden. Er erlaubte es, Festigkeiten von 120 bis 150 kp/mm² bei Fasern bzw. von 250 bis 280 kp/mm² bei Folien zu erreichen. Seine Anwendung ist auch für andere Faserarten unbedingt zweckmäßig.

Die Herstellung von hochorientierten Fasern aus steifkettigen aromatischen Polymeren

Der Prozeß der Erspinnung von Fasern aus Lösungen steifkettiger aromatischer Polymerer unterscheidet sich nach seiner technischen Ausführung im Prinzip nicht von den hinreichend ausführlich untersuchten Herstellungsprozessen für Fasern aus Lösungen von Polymeren mit biegsamen Ketten, aber er besitzt bedeutende Unterschiede in der Natur der dabei ablaufenden Erscheinungen. Das gestattet, speziell einige Erspinnprozesse für Fasern aus solchen Polymeren, wie Polyparabenzamid, Polyparaphenylenterephthalamid und Polyparaamidohydrazid, hervorzuheben.

Für diese Polymeren ist die Bildung von stark strukturierten, sog. „anisotropen Lösungen" charakteristisch. Das ist ein klarer Ausdruck für das Vorhandensein von Strukturbereichen mit einer bestimmten Orientierung der Makromoleküle. Solche Lösungen zeigen in polarisiertem Licht das Vorhandensein anisotroper Strukturen.

Die Lösungsviskositäten der genannten steifkettigen Polymeren besitzen eine anormale Konzentrationsabhängigkeit — bis zu einer bestimmten kritischen Konzentration wächst die Viskosität, danach erniedrigt sie sich mit dem Ansteigen der Konzentration (siehe Bild 5).

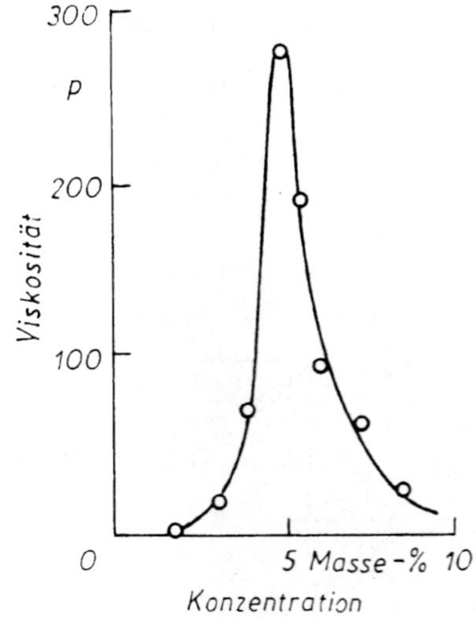

Bild 5. Abhängigkeit der Lösungsviskosität für Polyparabenzamid ($\eta_{spez} = 1{,}76$) in Dimethylacetamid von der Konzentration bei 20 °C (nach Literaturdaten [45])

In Abhängigkeit von dem Charakter des Paares Polymeres/Lösungsmittel und der Temperatur ist die kritische Konzentration verschieden [43 bis 47].

Die Tendenz zur Selbstordnung liegt in der Natur der linearen Polymeren. Die Selbstordnung ist in einer bedeutenden Zahl von Fällen energetisch günstig. Es ist voll verständlich, daß die stärkste Tendenz zur Selbstordnung bei steifkettigen Molekülen mit länglicher Form auftritt [48, 49, 50].

Die Erspinnung von Fasern aus aromatischen, steifkettigen Polymeren kann entweder auf nassem oder auf trocknem Wege erfolgen; es ist auch schon ein kombinierter Naß-Trockenspinnprozeß vorgeschlagen worden [43, 44, 51, 52, 53].

Die Strukturbesonderheiten der genannten Polymeren und ihrer Lösungen bestehen darin, daß schon beim Naßspinnen ein geringer Düsenverzug und eine unverzüglich darauf folgende Plastifizierungsreckung (d. h. geringe Geschwindigkeitsgradienten in Längsrichtung und geringe Kräfte) für die Herstellung hochorientierter Fasern mit einer genügenden makroeinheitlichen Struktur ausreichen. So wie bei der Erspinnung gibt es auch in den Prozessen der Orientierungsreckung und der thermischen Behandlung von Fasern aus steifkettigen Polymeren wesentliche Unterschiede zu den entsprechenden Prozessen für Polymere mit biegsamen Ketten [43, 44].

So erhöhen sich insbesondere bei aromatischen Polyamiden schon bei Reckverhältnissen von 1,1 bis 1,5 die Faserfestigkeiten mehrfach, und man erreicht Werte von 120 bis 350 kp/mm².

Bei der thermischen Behandlung steifkettiger Fasern, z. B. bei aromatischen Polyamiden oder Polyimiden [44, 54], ist auch eine spontane Dehnung der Fasern festgestellt worden, die von einer bedeutenden Erhöhung ihrer Festigkeit begleitet wird.

In einigen Fällen werden auch bei Polymeren mit gemäßigt biegsamen Ketten die Wirkungen der Selbstordnung mit gleichzeitig etwas erhöhter Festigkeit beobachtet (z. B. Triacetatcellulose oder Polyester) [55, 56]. So zeigen Triacetatfasern bei der thermischen Behandlung im freien Zustand eine Erhöhung der Orientierung und dehnen sich spontan um 15 bis 20%, wobei ihre Festigkeit wächst [55].

Bei der thermischen Behandlung von Polyesterfasern im fixierten Zustand wird ein Festigkeitswachstum beobachtet [56].

Die Anwendung von polymeranalogen Umwandlungen für die Herstellung hochorientierter Fasern

Die Prozesse der polymeranalogen Umwandlungen werden mit zwei Zielen zur Herstellung von Fasern angewandt:

1. Für die Herstellung von hochfesten Fasern aus linearen Polymeren, wenn die Prozesse der Plastifizierungs- oder Thermoreckung während der Abwesenheit der funktionellen Seitengruppen erleichtert werden.
2. Für die Herstellung von Fasern aus nichtschmelzbaren, unlöslichen Polymeren. Hier kann man die Anwendung von Estern der Cellulose (Xanthogenate, Acetate, Nitrate) für die nachfolgende Herstellung von hochfesten Regeneratcellulosefasern [57, 58] oder die Anwendung von Estern des Polyvinylalkohols für die Herstellung extremfester Polyvinylalkoholfasern erwähnen [59].

Dieses Verfahren erlaubt, gut relaxierte Fasern herzustellen; es besitzt jedoch eine Reihe wesentlicher Einschränkungen:

1. Es kann nur bei Polymeren mit leicht abspaltbaren Seitengruppen angewandt werden.
2. Die Erweichungs- und die Schmelztemperatur der Ausgangs- und der Endfaser müssen in Gegenwart des aktiven Mediums höher sein als die Reaktionstemperatur.
3. Die Polymerketten dürfen während der Durchführung der Reaktion nicht abgebaut werden.

So gelang es nicht, nach den ersten beiden genannten Prinzipien Polyvinylalkoholfasern durch Verseifung von Polyvinylacetatfasern zu erhalten, die (im trocknen Zustand) eine Glasumwandlungstemperatur in der Größe von 23 bis 28 °C besitzen. Große Verbreitung fand die Methode der polymeranalogen Umwandlungen bei der Herstellung wärme- und hitzebeständiger Fasern. So erhält man z. B. Polyimidfasern [61, 62], Fasern aus cyclisiertem, dehydratisiertem Polyacrylnitril, Fasern vom Typ PLUTON [63] und eine Reihe anderer Fasern.

In der Literatur sind die Karbonisierungsprozesse von Regeneratcellulose-, Polyacrylnitril- und anderen Fasern sowie deren Graphitisierung detailliert beschrieben [64 bis 70]. Es ist notwendig, die Aufmerksamkeit auf einige Besonderheiten dieser Prozesse zu richten, die mit der Veränderung der Struktur und der mechanischen Eigenschaften der Fasern in diesen Prozessen verbunden sind. So findet sogar beim Fehlen einer äußeren Faserdeformation während der Oxydation und der Karbonisierung eine Zunahme der Faserfestigkeit statt [64 bis 70]. Das hängt offensichtlich von dem gleichzeitigen Einfluß dreier Effekte ab:

1. Der Ersatz der weniger festen Einfachbindungen in den linearen Makromolekülen durch cyclische Strukturen mit festeren Bindungen
2. Die Wirkung der erschwerten Faserkontraktion während der Karbonisierung (bei der Pyrolyse im freien Zustand wird an den Fasern eine merkliche Schrumpfung beobachtet).
3. Eine bestimmte Selbstordnung starrer Schichtenstrukturen analog der bereits betrachteten Selbstordnung bei starrkettigen linearen Polymeren [71].

Die erhaltenen Festigkeiten der graphitierten Fasern erreichen 300 bis 400 kp/mm², und man kann ihre bedeutende Erhöhung erwarten [64, 70, 72].

Eine anschauliche Darstellung des letzteren stellt die Festigkeitszunahme bei der Reckgraphitierung karbonisierter Fasern dar. Sogar bei Anwendung geringer Reckverhältnisse bei der Graphitierung erhöhen sich die Festigkeit und der E-Modul beträchtlich [64, 73].

Neue Methoden zur Erzeugung orientierter Polymersysteme

Unter den Methoden zur Erzeugung orientierter Polymersysteme muß man die zur Erzeugung nadelförmiger Einkristalle und neuer Arten von orientierten Materialien etwas näher betrachten.

Aus organischen Polymeren hat man gegenwärtig nadelförmige Kristalle von Polyoxymethylen (Polyformaldehyd) erhalten, und aus anorganischen Materialien (diese Unterscheidung ist natürlich nur bedingt) gibt es nadelförmige Kristalle des Graphits, des Siliciumcarbids, des Bornitrids sowie der Oxide des Aluminiums, Magnesiums und anderer Elemente [74 bis 77].

Die Herstellung von nadelförmigen Einkristallen ist nach mehreren Methoden möglich [74 bis 77]:

1. Durch Züchtung aus der Dampfphase erhält man nadelförmige Einkristalle der Metalle und seltener Oxide. Für die Herstellung von Polymereinkristallen ist diese Methode offensichtlich wenig brauchbar.
2. Durch Züchtung mittels Dampfphasenreaktionen erhält man z. B. bei der thermischen Zersetzung von Kohlenwasserstoffen Graphitmonokristalle.
   Dieser Weg wird auch benutzt für die Herstellung von Fasern aus Bor, Siliciumcarbid und anderen Verbindungen durch Abscheidung auf einer Unterlage (Wolframdrähte) [66, 76].
3. Aus Lösungen wird eine ganze Reihe von anorganischen, nadelförmigen Kristallen gezüchtet: z. B. Kristalle aus Aluminiumoxid, Bor, Silicium, Siliciumcarbid.
4. Die Herstellung von Monomereinkristallen mit anschließender Polymerisation in der festen Phase. Auf diesem Wege erhielt man z. B. durch anschließende Strahlungspolymerisation bei tiefen Temperaturen orientierte, nadelförmige Einkristalle von Polyoxymethylen (Polyformaldehyd) [78 bis 81]; Einkristalle aus Polycaproamid wurden durch anschließende Kondensation in der festen Phase erzeugt [82].

5. Durch Einkristallzüchtung von der Oberfläche einer Schmelze wurden anorganische, monokristalline Fasern (Methode der düsenlosen Erspinnung [76]) erhalten.

Die Angaben über andere Herstellungsmethoden orientierter Polymermaterialien sind sehr begrenzt. Beschrieben sind die Prozesse der orientierenden Polymerisation der Monomeren auf der Oberfläche von orientierten Fasern [83] oder auf der Oberfläche von Kristallen [84].

Hochorientierte Schichten werden gebildet bei der Ausfällung eines Polymeren aus seiner Lösung oder Schmelze auf der Oberfläche ionischer Kristalle [85].

In den letzten Jahren entstanden Methoden zur Herstellung orientierter Polymersysteme durch Polymerisation im elektrischen Feld [86, 87].

Bekannt ist der große Einfluß des Magnetfeldes auf die Orientierung von Makromolekülen in Eiweißlösungen oder Lösungen heterokettiger Polymerer. Indem man Polymere im Magnetfeld abscheidet (z. B. durch Verdampfen des Lösungsmittels), gelingt es, hochorientierte Systeme zu erhalten [88].

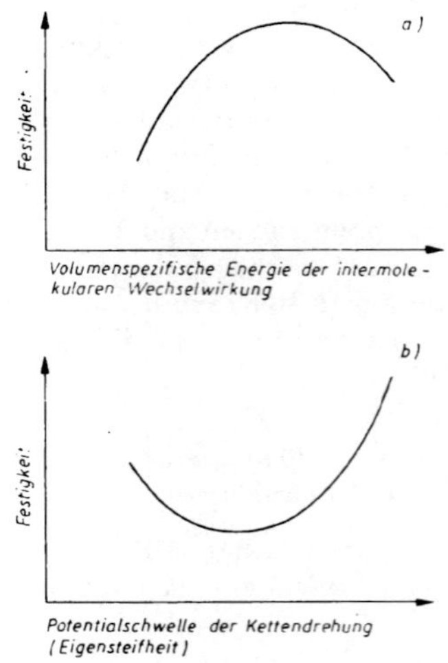

Bild 6. Schematische Abhängigkeit der Festigkeit hochorientierter Fasern und Folien von der Biegsamkeit der Polymerketten (a) und der intermolekularen Wechselwirkung (b)

Die maximal erreichten Eigenschaften hochorientierter Polymermaterialien (Fasern, Folien und Wiskers)

Einen großen Sprung machten in jüngster Zeit die Festigkeiten von Fasern, die auf Grundlage verschiedener Polymerer erhalten wurden. Das ist insbesondere aus den Angaben der Tabelle 4 ersichtlich, in der die Grenzwerte der erreichten mechanischen Eigenschaften dargestellt sind. (Die Festigkeit und der E-Modul von Proben, die serienmäßig hergestellt werden, liegen gewöhnlich um 15 bis 50% tiefer [29].) Unter den Fasern aus linearen Polymeren besitzen diejenigen aus Polyvinylalkohol und einige aus linearen aromatischen Polyamiden die höchste Festigkeit und den höchsten E-Modul [29, 31, 34, 38, 42, 43, 44, 89 bis 102].

Unter den Fasern aus temperaturbeständigen Materialien wurden die höchsten Festigkeiten mit Polymeren erhalten, die eine Schichtstruktur besitzen [64 bis 70, 74, 76].

Im Vorhergehenden wurden die Grundforderungen an die Polymeren betrachtet, die notwendig sind für die Erzeugung hochorientierter Strukturen mit hohen mechanischen Eigenschaften.

Die vorliegenden Erfahrungen zur Herstellung hochfester, hochmoduliger Fasern bestätigen diese Forderungen vollauf. In den Bildern 6 und 7 sind schematisch Korrelationen dargestellt zwischen der Biegsamkeit der Molekülketten, dem spezifischen Energieinhalt der intermolekularen Wechselwirkungen und der mit ihnen verbundenen Glasumwandlungstemperaturen einerseits und den maximal erreichten Faserfestigkeiten andererseits

Tabelle 4. Einige Werte von maximal erreichten mechanischen Eigenschaften hochorientierter Fasermaterialien

Material	Dichte ϱ g/cm³	Festigkeit: Reißspannung σ kp/mm²	Festigkeit: feinheitsbezogen σ/ϱ p/tex	Elastizitätsmodul kp/mm²
		Fasern und Folien		
Polyvinylalkohol	1,32	120··· 280	91··· 210	3500··· 7000
Polyäthylenterephthalat	1,38	80··· 140	65··· 100	2000··· 2500
Regeneratcellulose	1,55	85··· 150	55··· 98	2500··· 6000
Aromatische, hochmodulige Fasern	1,43···1,45	250··· 400	170··· 290	8000··· 14000
Polyformaldehyd	1,42	120··· 255	85··· 180	—
Bor	2,6*	280··· 400	110··· 150	38500··· 42000
Graphit	1,9···2,1	250··· 400	120··· 210	17000··· 70000
Bornitrid	2,15	150	70	8400
Siliciumcarbid	3,18	95··· 125	30··· 40	42000··· 45000
Glas	2,55	150··· 500	60··· 195	5000··· 10000
		Nadelförmige Einkristalle		
Polyformaldehyd	1,50	300··· 360	200··· 240	—
Graphit	2,21	2100···2450	950···1080	57000···100000
Siliciumcarbid	3,2	1160···2100	360··· 660	46000··· 87000
Aluminiumoxid	3,98	1900···2800	480··· 630	52000··· 64000

* auf einem Wolframfaden

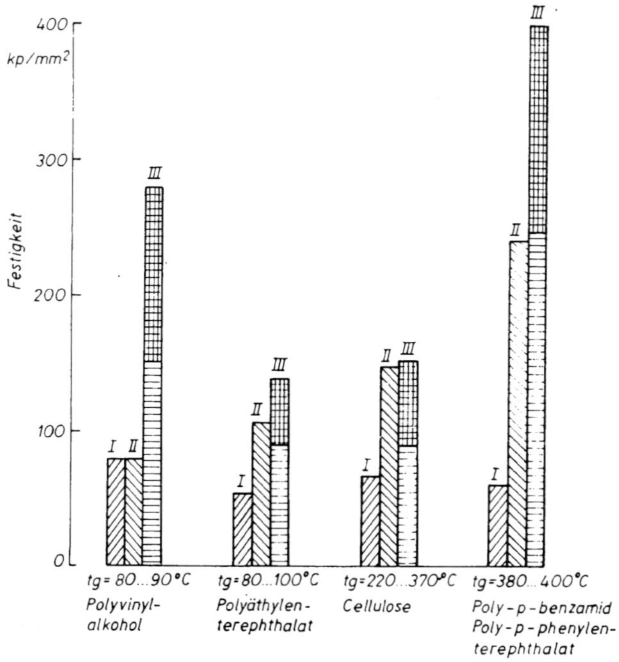

Bild 7. Maximal erreichbare mechanische Eigenschaften hochorientierter Fasern und Folien und deren Korrelation mit der Kettenbiegsamkeit und der intermolekularen Wechselwirkung

I — Volumenspezifische Energie der intermolekularen Wechselwirkung
II — Energieschwelle der Kettendrehung
III — Festigkeit
tg — Glastemperatur
(Werte sind in Tabelle 2 aufgeführt)

seits. Analoge Abhängigkeiten existieren auch für den E-Modul.

Es muß bemerkt werden, daß die maximale Orientierungsreckung um so geringer ist, je größer die Steifheit der Molekülketten ist. Die Festigkeit und der E-Modul erniedrigen sich anfangs, so lange die Kettensteifheit wächst, aber danach erhöhen sie sich stark. Zum Beispiel erreicht die Reckung bei der Verfestigung von Polyvinylalkoholfasern das 18- bis 20fache; bei Cellulose- und Polyesterfasern ist das Reckverhältnis bedeutend kleiner und bei Fasern auf steifkettigen aromatischen Polymeren sowie Graphit noch geringer.

Die Festigkeit und die Lebensdauer hochorientierter Polymermaterialien, ihre Verbindung mit der Struktur und mit den Bestimmungsbedingungen

Die wichtigste Kenngröße der mechanischen Eigenschaften von Polymermaterialien ist deren Widerstand gegen Zerstörung. Diese Größe wird im allgemeinen durch die Reißspannung charakterisiert. Sie wird durch die Struktur des Materials bestimmt, hängt aber auch in bedeutendem Maße von den Temperatur-Zeit-Bedingungen der Prüfung und des Einsatzes ab: Mit der Erniedrigung der Temperatur und der Vergrößerung der Deformationsgeschwindigkeit erhöht sich die Festigkeit [20 bis 22, 38, 103 bis 107].

Meist wird von den Materialien und Erzeugnissen keine bestimmte Festigkeit gefordert, sondern es ist eine Nutzungsdauer (Lebensdauer) bei einer bestimmten Belastung vorgegeben. Die notwendige Lebensdauer wird bei technischen Berechnungen im allgemeinen durch den Sicherheitsfaktor bestimmt, wenn das Produkt für maximale Belastungen ausgelegt wird.

Physikalisch richtiger wäre es, anstelle der Festigkeit die Lebensdauer bei einer bestimmten Temperatur und einer vorgegebenen Spannung als Kriterium zu benutzen [103, 104, 106 bis 110].

Entsprechend der Thermofluktuationstheorie der Festigkeit für feste Körper, zu denen auch die orientierten Polymeren gehören, verläuft der spröde Bruch infolge Rißausbreitung. Die Bildung und das Wachstum der Risse werden bestimmt durch die Zerstörung interatomarer Bindungen unter dem Einfluß der thermischen Fluktuation, die durch das Anlegen eines äußeren Kraftfeldes verstärkt wird [110].

Die Aktivierungsenergie dieses Prozesses ist gleich der Dissoziationsenergie der chemischen Bindungen [110, 111]. Der Beitrag der mechanischen Spannung zur Erniedrigung der Potentialschwelle des Bruchprozesses hängt von verschiedenen Faktoren der molekularen und übermolekularen Struktur ab.

Die Abhängigkeit der Lebensdauer von der Temperatur und der Spannung wird hinreichend genau durch eine Exponentialfunktion ausgedrückt:

$$\tau_p = \tau_0 \, e \, \frac{U_a - \gamma\sigma}{RT};$$

τ_0 — Konstante ($\tau_0 \simeq 10^{-12}...10^{-13}$ s),
U_a — Aktivierungsenergie für den mechanischen Bruch der Bindungen,
σ — mechanische Spannung,
γ — Strukturkoeffizient,
R — Gaskonstante,
T — absolute Temperatur.

Die Größen, die in dieser Formel auftreten, sind für eine Reihe von Fasern und Folien in der Literatur angeführt [4, 5, 6, 20, 22, 103, 104, 107, 110, 111]. Diese Beziehung wird für die Berechnung der Reißspannungen leicht umgeformt:

$$\sigma = \frac{U_a}{\gamma} - \frac{RT}{\gamma} \ln \frac{\tau_p}{\tau_0}.$$

Das Kriterium von *Baily* erlaubt, den Reißprozeß bei zeitlich veränderlicher mechanischer Spannung zu summieren:

$$\int_0^{\tau_p} \frac{d\tau}{\tau[\sigma(\tau)]} = 1.$$

Bei inkonstanten Spannungen während der Deformation ist es möglich, Festigkeit und Lebensdauer gegenseitig zu berechnen, indem man das Kriterium von *Baily* anwendet [112]. Diese Berechnung erweist sich als hinreichend genau unter der Bedingung, daß die Geschwindigkeit des Zerstörungsprozesses nur von der angelegten Spannung und der vollständigen Irreversibilität des Zerstörungsprozesses abhängt.

Die maximale Festigkeit wird offensichtlich ein ideal gebautes Polymersystem aufweisen, das vollständig in Längsrichtung orientierte Ketten oder Schichten mit idealer Packung besitzt, d. h. der ideale Polymereinkristall [4, 6, 20 bis 22].

*Tabelle 5. Errechnete Werte der theoretischen und der maximal erreichbaren Festigkeit von orientierten linearen Polymeren**

Polymeres	theoretische Festigkeit: aus der Deformation und dem Bruch der Ketten	theoretische Festigkeit: nach der Formel von *Žurkov*		maximal erreichbare Festigkeit (Beispiele)
	σ_{theor} kp/mm²	γ_{theor} kJ · mm²/mol · kp	σ_{theor} kp/mm²	σ_{max} kp/mm²
Polyäthylen	2600···2700	0,13	1990···2340	400···650
Polypropylen	1100···1250	0,25	920··· 930	200···350
Polyacrylnitril	1550···1600	—	—	270···400
Polyvinylchlorid	1400···1700	0,15	980···1010	270···400
Polyvinylalkohol	2200···2300	—	—	400···600
Polycaproamid	2300···2700	0,15	1830···2000	400···700
Polyoxymethylen	2100···2150	—	—	350···550
Polyäthylenterephthalat	2100···2200	—	—	350···600
Cellulose	1600···2600	—	—	270···700
Cellulosetriacetat	800···1300	—	—	140···350

* die in der Tabelle aufgeführten Daten sind präzisiert im Vergleich zu den Arbeiten [4, 5, 20, 22]

Die Errechnung der theoretischen Festigkeit eines orientierten Polymermaterials, d. h. die Festigkeit eines idealen Polymereinkristalls in Achsenrichtung der Ketten oder Schichten bei der Temperatur des absoluten Nullpunktes, kann nach zwei Methoden ausgeführt werden [4, 6, 20, 22, 113 bis 116]:

a) nach der Deformation und dem Riß der Molekülketten, die auf die Querschnittseinheit der Faser entfallen;
b) nach der Temperatur/Zeit-Abhängigkeit der Festigkeit.

Ausgehend von der Thermofluktuationstheorie der Festigkeit, wird sogar die Festigkeit eines idealen Polymereinkristalls von den Temperatur/Zeit-Bedingungen abhängen. Deshalb wird die Festigkeit einer idealen Polymerstruktur bei vorgegebener Temperatur und Deformationszeit (oder Deformationsgeschwindigkeit) die maximal erreichbare Festigkeit darstellen. Daher ist die maximal erreichbare Festigkeit die Faserfestigkeit, die die Grenze darstellt, oberhalb derer für eine bestimmte Faserart unter vorgegebenen Deformationsbedingungen (Zeit und Temperatur) eine Festigkeitserhöhung prinzipiell nicht möglich ist [4, 5, 6, 20, 22, 113].

Die maximal erreichbare Festigkeit kann man abschätzen, z. B. für Standardprüfbedingungen (Temperatur 20°C, Zerreißzeit 10 s). Diese Bedingungen werden im allgemeinen auch angewandt. Die maximal erreichbare Festigkeit kann auf mehreren Wegen berechnet werden:

a) aus der nach der Festigkeit aufgelösten Temperatur/Zeit-Abhängigkeit der Festigkeit;
b) durch angenäherte Abschätzung mittels der experimentellen Daten für die Festigkeitsabhängigkeit von der Temperatur und der Zeit der Prüfung sowie durch Anwendung der erhaltenen Koeffizienten für die zahlenmäßige Berechnung der theoretischen Festigkeit;
c) durch Extrapolation der für die realen Fasern erhaltenen experimentellen Daten auf 100% Orientierung und Kristallinität.

In Tabelle 5 sind die berechneten Werte der theoretischen und der maximal erreichbaren Festigkeit für Fasern aus linearen Polymeren aufgeführt [4, 5, 6, 20, 22, 113]. Die durchgeführten Berechnungen zeigen, daß die maximal erreichbare Festigkeit für lineare Polymere $^1/_3$ bis $^1/_6$ der theoretischen Festigkeit beträgt und die gegenwärtig erreichten experimentellen Festigkeitswerte um das 2- bis 5fache übertrifft.

Die ideal geordnete Faserstruktur, für die die Werte der theoretischen und der maximal erreichbaren Festigkeit abgeschätzt wurden, kann nur in einzelnen Fällen realisiert sein, z. B. für Polymereinkristalle in Richtung der Kettenachse. Zum Beispiel wurde für nadelförmige Einkristalle aus Polyoxymethylen eine Festigkeit bis zu 360 kp/mm² erhalten, was dem berechneten Wert nahekommt [80, 81].

Die Extrapolation der experimentellen Daten über den Einfluß der Struktur auf die Festigkeit von Regeneratcellulosefasern bis zur „idealen Struktur" führt zu einer Festigkeit von 510 bis 520 kp/mm², was ebenfalls den berechneten Werten nahekommt [117, 118].

Die Festigkeit von Fasern aus linearen, aromatischen Polymeren, Polyvinylalkohol und Polyoxymethylen (Polyformaldehyd) erreicht, wie bereits erwähnt, 250 bis 400 kp/mm², was den Werten der maximal erreichbaren Festigkeit nahekommt.

Es wurde bereits gezeigt, daß die reale Faserstruktur weit von der ideal geordneten entfernt ist, und daß dementsprechend ihre Festigkeit bedeutend geringer ist, als die maximal erreichbare. Für die Mehrzahl der hochfesten und hochmoduligen Fasern beträgt sie $^1/_2$ bis $^1/_5$ der maximal erreichbaren Festigkeit. Die grundlegenden Faktoren, die diese Unterschiede hervorrufen, sind die Besonderheiten der übermolekularen Struktur und die Anwesenheit von Defekten [103, 104, 110, 119 bis 123]. In neuerer Zeit wurde gezeigt, daß der Faserbruch von den amorphen Strukturbereichen ausgeht, in denen die Zahl der durchgehenden Ketten geringer ist als in den ideal gepackten Bereichen, für die bedeutende Längendifferenzen und Spannungsunterschiede der Ketten charakteristisch sind [124, 125].

Die Zahl der tragenden Ketten in den amorph-kristallinen Fasern beträgt 6 bis 17% [125, 126, 127].

Für Fasern aus steifkettigen, aromatischen Polymeren ist diese Zahl bisher noch nicht bestimmt worden. Jedoch ist sie offensichtlich bedeutend größer, weil für diese Polymeren das Fehlen von Kettenfaltungen charakteristisch ist und weil im Prinzip alle Ketten durchgängig sind [30]. Die Festigkeit realer Fasern hängt von ihrem Orientierungsgrad in den amorphen Strukturbereichen ab. Die vorliegenden angenäherten Versuchsdaten zeigen, daß bei hochfesten, hochmoduligen Fasern infolge ihrer unvollständigen Orientierung und Kettenlängendifferenzen in den amorphen Bereichen die Festigkeit sich auf 30 bis 50% der Festigkeit in den „idealgeordneten" Strukturbereichen erniedrigt.

Die Faserfestigkeit hängt auch vom Polymerisationsgrad ab [20, 22, 103, 104, 128, 129].

Es muß darauf hingewiesen werden, daß die Anisotropie des Deformationsmoduls einen großen Einfluß auf die Festigkeit der Probe, den Charakter ihres Bruches und die Wirkung der Defekte auf die Festigkeit ausübt [130].

Die technische Faserfestigkeit hängt in hohem Maße vom Vorhandensein verschiedener Defekte ab: Risse, nicht richtig ausgebildete Bereiche, Faserheterogenitäten zwischen verschiedenen Zonen (Vorhandensein von Kern und Mantel mit verschiedener Struktur) und andere Strukturstörungen. Dieser Einfluß drückt sich im sogenannten Maßstabsfaktor aus. Die realen Prüf- und Einsatzbedingungen der Fasern unterscheiden sich stark von den Temperatur/Zeit-Bedingungen, für die die theoretischen Festigkeitsberechnungen durchgeführt wurden. Die Abhängigkeit der Faserfestigkeit von der Prüfzeit und der Temperatur kann aus der Temperatur/Zeit-Abhängigkeit der Festigkeit leicht errechnet werden.

Die Deformationseigenschaften hochorientierter Polymermaterialien sowie ihr Zusammenhang mit der Struktur und den Bestimmungsbedingungen

Bei Deformationseinwirkungen auf Polymerkörper ändern sich die Längen der chemischen Bindungen und die Valenzwinkel, drehen sich die Kettenglieder innerhalb der Kette, und es ändern sich die Konformation der Makromoleküle sowie ihre Lage zueinander [20, 21].

Die Lösung der Deformationsgesetzmäßigkeit von Molekülketten in allgemeiner Form ist sehr schwierig, und bis jetzt gibt es nur angenäherte Betrachtungen der Gesetzmäßigkeiten bei der elastischen Achsendeformation verschiedener Polymerketten [4, 5, 6, 20, 131 bis 146].

Eine genaue Betrachtung der kinetischen Gesetzmäßigkeiten bei der kollektiven Kettendeformation ist noch schwieriger und bisher noch von niemandem vorgenommen worden. Sie werden im allgemeinen durch formale Modellierung beschrieben. Diese Methoden sind Gegenstand der Rheologie fester Polymerer, die die Gesetzmäßigkeiten der elastischen und plastischen Deformationen als Relaxationsprozesse untersucht. Für hochorientierte Polymersysteme treffen rheologische Probleme mit bestimmter Annäherung nicht zu.

Aus den gegenwärtigen Vorstellungen über den Fibrillarbündelaufbau orientierter Polymerkörper folgt, daß deren elastische Eigenschaften in erster Näherung bestimmt werden durch die Elastizitätsmoduli der amorphen und kristallinen Strukturbereiche, durch das Verhältnis ihrer Anteile zueinander sowie durch deren Anordnung und Orientierung bezüglich der Dehnungsrichtung.

Der maximale (theoretische) Wert des Deformationsmoduls wird der Elastizitätsmodul des idealen Polymereinkristalls in Richtung der Ketten oder Schichten sein. Er kann nach drei Methoden berechnet werden [4, 5, 6, 20, 21, 147]:

a) auf Grundlage der Daten der kollektiven Kettendeformation,
b) aus der Ausbreitungsgeschwindigkeit eines elastischen Impulses,
c) aus der Korrelation zwischen den Größen der thermischen Ausdehnung und den elastischen Eigenschaften der Polymeren.

Die Resultate der vergleichenden Berechnungen von Elastizitätsmoduli kristalliner Strukturbereiche nach drei Methoden und deren Gegenüberstellung mit röntgenographischen Daten von *Sakunada* und anderen Autoren sind in Tabelle 6 aufgeführt [135 bis 146]. Die Gegenüberstellung der drei Berechnungsmethoden mit den experimentellen Daten zeigt eine gute Übereinstimmung der Resultate.

Insofern der Elastizitätsmodul der Polymerketten nur wenig von der Temperatur abhängt (in den Grenzen, die durch die mit der thermischen Ausdehnung verbundenen unbedeutenden Änderungen der interatomaren Abstände und der entsprechenden Kraftkonstanten

Tabelle 6. Vergleich von errechneten und experimentellen Elastizitätsmoduln kristalliner, einachsig orientierter Polymerer

Polymeres	Elastizitätsmodul in kp/mm²			
	aus d. Geschwindigkeit d. elast. Impulses	aus d. Deformation d. Ketten	aus der thermisch. Ausdehnung	„röntgenographisch"
Polyäthylen	22500	23000	25000	24000
Polypropylen	10400	4900	—	4200
Polyacrylnitril	14800	15000	14600	—
Polyvinylalkohol	19400	20000	21000	25500
Polycaproamid	23200	25000	27000	—
Polyäthylenterephthalat	—	15000	14000	14000
Cellulose	15200	12000···18000	—	13700
Cellulosetriacetat	9100	6000··· 9000	—	—
Poly-p-Benzamid und Poly-p-Phenylenterephthalamid	—	20500···24500	—	—
Polyimid PM	—	—	—	1500···1600

Tabelle 7. Gegenüberstellung der Strukturcharakteristiken mit den Deformationseigenschaften orientierter Polymerer (Fasern)

Polymeres (Faser)	Volumenspez. Energie d. interatom. Wechselwirk. D_{spez} kJ/cm³	Glastemp. t_G °C	maximal erreichter Deformationsmodul kp/mm²	Deformationsmodul industrieller Faserproben kp/mm²	Deformationsmodul der amorphen Bereiche kp/mm²	Schermodul industrieller Faserproben kp/cm²
			lineare Polymere ohne Zyklen in der Kette			
Polytetrafluoräthylen	0,21···0,32	(115···120)	500	—	120··· 330	4500··· 6000
Polyäthylen	0,31···0,35	(70···100)	800··· 1600	140···250	200··· 700	—
Polypropylen	0,28···0,37	(12··· 20)	700··· 800	180···300	300··· 500	—
Polyvinylchlorid	0,30···0,54	75··· 85	800··· 1000	—	350··· 450	9000··· 10000
Polycaproamid	0,50···0,71	40··· 60	1200··· 1500	250···350	250··· 500	4000··· 8500
Polyacrylnitril	0,63···0,71	75···110	1200··· 1500	—	450··· 600	18000··· 20000
Polyvinylalkohol	1,03···1,30	75···130	5000··· 7000	380···610	800···1400	15000··· 20000
			lineare Polymere mit Zyklen in der Kette			
Polyäthylenterephthalat	0,35···0,46	80···100	2500	600···650	900···1100	8700··· 15000
Triacetylcellulose	0,21···0,38	170···180	700	—	310··· 430	9200···115000
Cellulose	0,75···0,92	220···370	5000··· 6000	800···850	300···1000	10000··· 41000
Poly-p-benzamid	—	380···400	10000···14000	—	—	—
Polyimid	—	380···400	800··· 1300	—	—	—

bestimmbar sind), hängt auch der Elastizitätsmodul der Polymerkristalle nur wenig von der Temperatur ab. Deshalb fällt der Elastizitätsmodul der Kristallite in den realen Polymeren fast mit dem theoretischen Elastizitätsmodul des idealen Polymereinkristalls zusammen.

Für die vollständige Charakterisierung der elastischen Eigenschaften von Fasern ist es nötig, die Deformationsmoduli der amorphen Bereiche ihrer Struktur abzuschätzen, die angenähert berechnet werden können aus den Werten des summarischen Deformationsmoduls der Probe und des Elastizitätsmoduls der kristallinen Gebiete [4, 5, 6, 20, 21].

Die Berechnung des Deformationsmoduls der amorphen Strukturbereiche in Fasern unter Verwendung der experimentellen Moduli der Proben führt für verschiedene Fasern zu folgenden Resultaten, die in Tabelle 7 dargestellt sind. Aus den dargestellten Ergebnissen ist klar ersichtlich, daß die Werte für den Deformationsmodul von Fasern mit gewöhnlich erreichbaren Kristallinitätsgraden (0,5 bis 0,85) vorwiegend durch den Modul der amorphen Strukturbereiche bestimmt werden und innerhalb der Grenzen von 300 bis 2500 kp/mm² liegen, was den entsprechenden experimentell bestimmten Werten nahe kommt. Die aufgeführten Daten zeigen, daß die Deformationseigenschaften der real orientierten Fasern in erster Linie durch den Anteil an amorphen Bereichen und durch deren Deformationsmodul bestimmt werden. Der Letztere wird bestimmt durch die Orientierung, durch die intermolekulare Wechselwirkung und durch die Biegsamkeit der Ketten [148, 149].

In Tabelle 7 sind die grundlegenden Charakteristiken der molekularen Struktur den Deformationseigenschaften der Fasern gegenübergestellt.

Analoge Korrelationen wurden zwischen den grundlegenden Charakteristiken der Molekularstruktur und anderen Faserkenndaten festgestellt: dem Kriechen, dem elastischen Widerstand, den Ermüdungseigenschaften und anderen [4, 5, 6, 9, 149]. Der Deformationsmodul der amorphen Strukturbereiche hängt stark von den Temperatur/Zeit-Bedingungen der Deformation ab. Deshalb hängt die Größe des Deformationsmoduls der Faser als Ganzes in hohem Maße von den Prüfbedingungen ab [103 bis 106]. Mit der Erniedrigung der Temperatur und der Erhöhung der Deformationsgeschwindigkeit verlangsamt sich der Ablauf der Relaxationsprozesse im Faden, d. h., mit der Temperaturerniedrigung erhöht sich die Relaxationszeit. Dementsprechend erniedrigt sich die Bruchdehnung der Probe und wächst ihr Modul. Bei Temperaturen unterhalb der Glastemperatur des Polymeren werden ein besonders starker Dehnungsabfall und ein Anwachsen des Moduls beobachtet.

Vergleichende Abschätzung der maximalen mechanischen Eigenschaften von Ketten- und Schichtstrukturen

Die wichtigsten Fragen der Theorie und auch gleichzeitig der Herstellung von Materialien mit maximal hohen komplexen Eigenschaften bilden der Vergleich und die Auswahl der optimalen Strukturtypen.

Zu diesem Zweck wurden die maximalen mechanischen Eigenschaften verschiedener Materialarten errechnet, die den weiter vorn aufgezählten Forderungen an die Struktur entsprechen. Unter ihnen sind die Elemente und die kovalenten Verbindungen der dritten und vierten Gruppe des Periodensystems von größtem Interesse, insbesondere die einfachsten Schicht- und Kettenstrukturen: Graphit, Bornitrid, Siliciumcarbid und Carbin.

Eine neue Form des Kohlenstoffs, ein Kettenpolymeres, das Carbin, ist von einer Reihe sowjetischer Wissenschaftler erhalten worden: *V. J. Kasatočkin, V. V. Koršak, A. M. Sladkov, Ju. P. Kudrjavzev, L. F. Vereščagin, L. E. Šternberg* und ihre Kollegen [150, 151]. Das findet das Interesse nicht nur als neue Form des Kohlenstoffes, sondern auch als eines der wenigen Polymeren, die gleichzeitig eine lineare Struktur mit einem Valenzwinkel von 180° und eine große interatomare Wechselwirkung zwischen den Ketten besitzen.

Tabelle 8. Grundcharakteristiken einiger Ketten- und Schichtstrukturen

Kennziffern (Eigenschaften)	β-Carbin	Graphit	Siliciumcarbid	Bornitrid	Polyäthylen
Gittertyp	hexagonal	hexagonal	hexagonal	hexagonal	rhombisch
Gitterperioden in Å					
a	8,24	2,461	3,076	2,504	7,40
b	—	—	—	—	4,93
c	7,68	6,708	5,048	6,661	2,534
Zahl der Kohlenstoffatome in der Zelle					
in der Länge	6	2	2	2	2
im Querschnitt	12	2	2	2	2
Länge der interatomaren Bindungen in Å	1,28	1,42	1,75	1,45	1,54
Energie der interatomaren Bindung in kJ/mol	620··· 630	460··· 525	265···430	385···480	264···348
Wellenzahl der Bindung J/cm	1620···1640	1280···1345	1000	1382	1065
Zahl der Bindungen, die deformiert werden, bezogen auf 1 cm² Querschnitt in 10^{15} (i/cm²)	2,04	1,4	1,51	1,38	0,55

Ein solches Polymeres kommt dem in der Festkörperphysik betrachteten klassischen Modell des eindimensionalen Kristalls genügend nahe, wodurch es zu einem interessanten Untersuchungsobjekt wird.

Insbesondere entspricht das Carbin (seine β-Form, d. h. die Polyenkette =C=C=C=C=) der früher formulierten Maximalforderung für die Herstellung von Materialien mit höchsten theoretischen und maximal erreichbaren Festigkeitswerten.

In Tabelle 8 sind die Kristallstrukturdaten der früher genannten Verbindungen sowie zum Vergleich die Daten für das Polyäthylen aufgeführt [152 bis 159].

Für die genannten Materialien sind die maximalen Werte der mechanischen Eigenschaften nach den bereits angegebenen Beziehungen berechnet worden [158, 159]. Die maximal erreichbaren Eigenschaften wurden für zwei Temperaturen abgeschätzt: 20 und 1000 °C. Die errechneten Werte sind in Tabelle 9 zusammengestellt.

Man muß darauf hinweisen, daß für die gewöhnlichen linearen Polymeren die Werte der maximal erreichbaren Festigkeit bedeutend geringer sind als die theoretischen, während für die Schichtstrukturen und für das Carbin die Unterschiede zwischen den aufgeführten Festigkeitswerten gering sind. Das ist völlig erklärbar dadurch, daß die Dissoziationsenergie der gebogenen Bindungen in diesen Strukturen bedeutend größer ist als die Energie der einfachen Bindungen und der Wärmeinhalt des Polymeren bei den gewählten Temperaturen gering ist im Vergleich mit dem Wärmeinhalt, der nötig ist für den Bruch der Materialien. Aus den angegebenen Daten ist ersichtlich, daß beim β-Carbin die theoretische Festigkeit 22 bis 23000 kp/mm² und der E-Modul 180000 kp/mm² erreicht wird. Das ist fast zweimal höher beim Graphit und einige Male höher als beim Polyäthylen sowie anderen linearen Polymeren.

Aus den erhaltenen Resultaten folgt, daß fernerhin (nach Ausarbeitung entsprechender Herstellungsmethoden) für das Carbin das Erreichen höherer Festigkeits- und E-Modul-Werte als für viele andere Materialien erwartet werden muß. Es ist offensichtlich, daß das Carbin bei seiner Erzeugung in Form von nadelförmigen Kristallen oder kristallinen Fasern sich als das festeste Material erweisen wird.

Tabelle 9. Errechnete maximale mechanische Eigenschaften

Kenndaten	β-Carbin	Graphit	Siliciumcarbid	Bornitrid	Polyäthylen
$f_{max} \cdot 10^{-4}$ in dyn/Bindung	10,8 ···11,0	7,4··· 8,35	5,3··· 6,7	7,4··· 8,3	4,7 ···5,4
$K_c \cdot 10^5$ in dyn/cm · Bindung	9,3 ··· 9,4	5,8··· 6,4	5,0	6,9	4,5
$\sigma_{theor} \cdot 10^3$ in kp/mm²	22 ···23	12,2···13,8	9,7···11,8	11,8···13,5	3,2 ···3,7
$E_{theor} \cdot 10^3$ in kp/mm²	179···182	96···104	109	107	24
γ_{theor} in kJ · mm²/mol · kp	0,027···0,028	0,038			0,082···0,094
$\sigma_{1max} \cdot 10^3$ in kp/mm²	19 ···20	10,1···11,7	6,7··· 8,9	9,3···10,7	2,2 ···2,9
$\sigma_{2max} \cdot 10^3$ in kp/mm²	8,5 ··· 9,0	3,0··· 4,6	0	0,8··· 1,3	—

Anmerkung: Die Werte für die maximal erreichbare Festigkeit wurden errechnet für 293 °K — σ_{1max} und für 1273 °K — σ_{2max}

Schlußfolgerungen

In der kurzen Betrachtung des Strukturproblems, der Eigenschaften und der Herstellungsmethoden hochorientierter Polymermaterialien war es nicht möglich, alle Fragen zu beleuchten. Dennoch können unbestreitbar folgende Schlüsse gezogen werden:

1. Bei der Erziehung der Eigenschaften von Materialien mit überaus hohen mechanischen Kenndaten gibt es prinzipielle Grenzen, die bestimmt werden durch die Größe der interatomaren Wechselwirkungen und durch die Dichte der Atom- und Molekülpackung im festen Zustand. Diese Grenzen betragen für die Festigkeit ungefähr 10000 bis 22000 kp/mm² und für den E-Modul ca. 100000 bis 180000 kp/mm².
2. Die Entwicklung der Untersuchungen auf dem Gebiet der wissenschaftlichen Grundlagen für die Technologie orientierter Polymermaterialien zeigt, daß die in den Laboratorien und in der Produktion erreichbaren Eigenschaften von Fasern, Folien und faserartigen Materialien sich von Jahr zu Jahr erhöhen. Die Reserven bis zu den maximal erreichbaren Kenndaten sind noch sehr groß, und es ist eine ernsthafte Arbeit erforderlich, um sich ihnen zu nähern.
3. Die Betrachtung von Herstellungsmethoden für hochorientierte Polymermaterialien zeigt, daß bis jetzt in der Hauptsache die Erspinnung und die Orientierung von Polymermaterialien aus vorher synthetisierten Polymeren angewandt werden. Der Weg der Vereinigung von Synthese und Erzeugung orientierter Strukturen, der in der Natur weit verbreitet ist, steckt noch in den Anfängen.
4. Es ist offensichtlich, daß für die Regulierung und Intensivierung der Herstellungsprozesse orientierter Polymerstrukturen die Anwendung noch vieler Methoden der Einwirkung auf Stoffe und Prozesse möglich ist: Hohe Drücke, leistungsstarke elektrische und Magnetfelder sowie die Anwendung molekularer Kraftfelder (katalytische Methoden der orientierten Katalyse). Untersuchungen auf diesen Gebieten beginnen gerade erst.

Es wurden hier nur Fragen betrachtet, die mit den maximalen mechanischen Eigenschaften von orientierten Polymeren und mit den Wegen ihrer Erreichung verbunden sind. Jedoch können auf diese Weise auch andere mechanische Eigenschaften sowie thermische, elektrische, optische und andere Eigenschaften betrachtet werden. Auch für sie können prinzipielle Grenzwerte gefunden werden, und durch die Auswahl von Polymeren und Herstellungsbedingungen können beliebige Zwischenwerte für die Eigenschaften von realen Polymermaterialien erreicht werden.

Literatur

[1] Physikalisch-chemische Grundlagen der Chemiefasertechnologie. Von *Pakšver, A. B.* Moskva: Izd. Chimija 1972.
[2] *Papkov, S. M.:* Physikalisch-chemische Grundlagen der Produktion von Kunst- und Synthesefasern. Izd. Chimija 1972.
[3] *Hearle, J. W. S.,* und *Peters, R. H.:* Fibre structure. Red. Manchester, London, 1963.
[4] *Perepelkin, K. E.:* Beziehung zwischen der Struktur und einigen mechanischen Eigenschaften von Faserstoffen vom Gesichtspunkt der Festkörperphysik. Faserforsch. u. Textiltechnik **22** (1971) 4, S. 171–186.
[5] *Perepelkin, K. E.:* Structur and mechanical properties of high oriented polymer. Angew. makromol. Chemie, Basel **22** (1972), S. 181–204.
[6] *Perepelkin, K. E.:* Materialien der ČSSR-Konferenz „Faserbildende Polymere und deren Verarbeitung". Mai 1973; siehe die Zeitschr. „Chemicke Vlakna".
[7] *Holliday, L.:* The connection number of polymers with particular reference to carbon polymers. J. appl. Polymer Sci. **12** (1968) S. 333–336.
[8] *Holliday, L.,* und *Holmes-Walker, W. A.:* A new structural parameter of polymers — The relativ number of network bonds per unit volume. J. appl. Polymer Sci. **16** (1972) 1, S. 139–155.
[9] *Perepelkin, K. E.:* Intermolekulare Wechselwirkungen in fadenbildenden linearen Polymeren und einige mechanische Eigenschaften dieser Polymeren. Mech. Polimerov, Riga (Mech. Polymeren) **7** (1971) 5, S. 790–795.
[10] *Geil, P. H.:* Polymereinkristalle. Izd. Chimija 1968.
[11] *Tager, A. A.:* Physiko-Chemie der Polymeren. Izd. Chimija 1968.
[12] *Gul', V. E.,* und *Kuleznev, V. H.:* Struktur und mechanische Eigenschaften von Polymeren. Izd. Chimija 1972.
[13] *Žurkov, S. N., Slucker, A. I.,* und *Jastrebinskij, A. A.:* Fizika tverd. Tela, Moskva (Festkörperphysik) **6** (1964) 12, S. 360.
[14] *Žurkov, S. N., Slucker, A. I.,* und *Jastrebinskij, A. A.:* Einfluß der Belastung auf die übermolekulare Struktur von orientiertem Polymeren. Dokl. Akad. Nauk SSR (Ber. Akad. Wiss. UdSSR) **153** (1963) 2, S. 303–305.
[15] *Kargin, V. A.,* und *Slonimskij, G. L.:* Kurzer Grundriß der Physiko-Chemie der Polymeren. Izd. Chimija 1967.
[16] *Vol'kenštejn, M. V.:* Aufbau und physikalische Eigenschaften der Moleküle. Izd. Akad. d. Wiss. d. UdSSR 1955.
[17] *Vol'kenštejn, M. V.:* Konfigurationsstatistik der Polymerketten. Izd. Akad. Nauk SSR 1959.
[18] *Flory, P. J.:* Statistical mechanics of chain molecules. New York 1969.
[19] *Moelwyn-Hughes, E. A.:* Physical Chemistry. London/New York 1961.
[20] *Perepelkin, K. E.:* Über die theoretisch und praktisch erreichbaren elastischen und Festigkeitseigenschaften von Chemiefaserstoffen. Chim. Volokna (Chem. Fasern) (1966) 2, S. 3–13.
[21] *Perepelkin, K. E.:* Mech. Polimerov, Riga (Mech. Polymeren) (1966) 1, S. 34–42.
[22] *Perepelkin, K. E.:* Mech. Polimerov, Riga (Mech. Polymeren) (1966) 6, S. 845.
[23] *Peterlin, A.:* Bond rupture in highly oriented crystalline polymers. J. Polymer Sci. A-2 Polymer Physics **7** (1969) 7, S. 1151–1163.
[24] *Koršak, V. V.:* Der chemische Aufbau und die Temperaturcharakteristiken von Polymeren. Izd. Nauka, 1970.
[25] *Koršak, V. V.:* Temperaturbeständige Polymere. Izd. Nauka, 1969.
[26] *Kitajgorodskij, A. I.:* Organische Kristallchemie. Izd. Akad. Nauk SSR 1955.
[27] *Miller, R. L.,* und *Nielsen, L. E.:* Crystallographic data for various polymers. J. Polymer Sci. **44** (1960) 144, S. 391–395; Crystallographic data for various polymers. II. dsgl. **55** (1961) 162, S. 643.
[28] *Houwink, R.,* und *Staverman, A. J.:* Chemie und Technologie der Kunststoffe. Bd. I. Leipzig 1962.
[29] *Savickij, A. V., Lelinkov, O. S., Ulitin, O. N., Slucker, L. I., Utevskij, L. E.,* und *Perepelkin, K. E.:* Sammelbd. Neue Chemiefasern für den technischen Einsatz. Izd. Chimija, 1973, S. 23.
[30] *Holland, V. F.:* Polymer Prepr. **13** (1972) 1, S. 620.
[31] *Ulitin, O. N., Perepelkin, K. E.,* und *Chromova, T. G.:* Sammelbd. Neue Chemiefasern für den technischen Einsatz. Izd. Chimija 1973 S. 101.
[32] *Riggert, K.:* Das kontinuierliche Thermofixieren von Polyester-Endlosfäden. Chemiefasern **19** (1969) 10, S. 816–823.

[33] *Riggert, K.*: Neue Wege bei der Herstellung von Polyester- und Polyamid-Faserstoffen. Chemiefasern **17** (1967) 6, S. 428–436.

[34] *Lelinkov, O. S., Utevskij, L. E.*, und *Perepelkin, K. E.*: Einfluß einiger Herstellungsbedingungen von Hochmodul-Polyvinylalkoholfaserstoffen auf ihre Eigenschaften. Chim. Volokna (Chem. Fasern) (1969) 6, S. 45–47.

[35] *Perepelkin, K. E.*, und *Pugač, B. M.*: Über die scheinbare Längsviskosität beim Erspinnen und Orientierungsrecken von Chemiefaserstoffen. Chim. Volokna (Chem. Fasern) (1971) 4, S. 22–25.

[36] *Mandelkern, L.*: Crystallization of polymers. New York 1964.

[37] *Peterlin, A.*, und *Meinel, G.*: Heat content of amorphous regions of drawn linear polyethylene. J. Polymer Sci., B: Polymer Letters **3** (1965) 9, S. 783–787.

[38] *Žurkov, S. N., Levin, B. Ja.*, und *Savickij, A. V.*: Hochfeste polymere Faserstoffe. Dokl. Akad. Nauk SSSR (Ber. Akad. Wiss. UdSSR) **186** (1969) 1, S. 132–135.

[39] *Šimko, I. G.*, und *Zverev, M. P.*: Untersuchungen auf dem Gebiet der Herstellung von Polyolefinfaserstoffen. Chim. Volokna (Chem. Fasern) (1969) 5, S. 11–12.

[40] *Polovichina, L. A.*, und *Zverev, M. P.*: Untersuchungen auf dem Gebiet der Verfestigung von Polypropylenfaserstoff. Chim. Volokna (Chem. Fasern) (1969) 5, S. 12–13.

[41] *Zverev, M. P.*, und *Polovichina, L. A.*: Über die Verfestigung von Polypropylenfaserstoff durch Reckung des nichtorientierten Polymeren oberhalb der Schmelztemperatur. Vysokomol. Soed. (Hochmol. Verbind.) B **10** (1968) 4, S. 266–268.

[42] *Savickij, A. V., Levin, B. Ja.*, und *Semičeva, V. P.*: Gesetzmäßigkeiten der orientierten Reckung von kristallisierbaren Polymeren. Vysokomol. Soed. (Hochmol. Verbind.) A **15** (1973) 6, S. 1286–1290.

[43] Compositions optiquement anisotropes à base de polyamides aromatiques carbocycliques et articles produits à partir de ces compositions. FRP vom 10. 4. 70. Inh.: E. I. du Pont de Nemours & Co. Int. Kl.: D 01 f 7/00.

[44] *Kudrjavcev, G. I.*: Herstellungsmethoden von thermisch beständigen Faserstoffen. Ž. vsesojuz. chim. Obšč. Mendeleeva (Z. chem. Allunions-Mendelejew-Ges.) **17** (1972) 6, S. 625–631.

[45] *Kalmykova, V. D., Kudrjavcev, G. I., Papkov, S. P. Volochina, A. V., Iovleva, M. M., Mil'kova, L. P., Kuličichina, V. G.*, und *Bandurjan, S. I.*: Mesomorpher Zustand der Lösungen von Poly-p-Benzoamid. Vysokomol. Soed. (Hochmol. Verbind.) B **13** (1971) S. 707–708.

[46] *Papkov, S. P.*: Zur Ordnung der Makromoleküle beim Erspinnen von Fäden aus Lösungen starrkettiger Polymerer. Chim. Volokna (Chemiefasern (1973) 1, S. 3–6.

[47] *Kuličichin, V. G., Kalmykova, V. D., Volochina, A. V., Papkov, S. P., Kudrjavcev, G. I.*, u. *Malkin, A. Ja.*: Viskositätseigenschaften der Lösungen von Poly-p-benzamid. Vysokomol. Soed. (Hochmol. Verbind.), Serie B: Kratkie Soobšč. (Kurzmitt.) **15** (1973) 4, S. 256–261.

[48] *Flory, P. J.*: Proc. Roy. Soc. A **234** (1956) S. 73.

[49] *Flory, P. J.*: Phase changes in proteins and polypeptides. J. Polymer Sci. **49** (1961) 151, S. 105–128.

[50] *Di Marzio, E. A.*: J. chem. Physics **35** (1961) S. 658.

[51] Anisotrope Spinnlösungen von aromatischen Polyamiden. DTO (DBP) 1929713 vom 12. 2. 70. Anm.: E. I. du Pont de Nemours and Co., Wilmington (US). Int. Kl.: D 01 f 7/00.

[52] *Junickij, V. P., Pakšver, Ė. A.*, und *Sokolova, A. P.*: Erspinnung von Polyacrylnitrilfaserstoff aus der Lösung durch eine Luftzwischenschicht. Chim. Volokna (Chem. Fasern) (1970) 5, S. 11–15.

[53] *Efimova, S. G., Volochina, A. V., Koreckaja, A. I., Iovleva, M. M., Sokolova, T. S.*, und *Papkov, S. P.*: Zur Untersuchung des Spinnvorganges bei der Herstellung von Faserstoffen aus thermisch beständigen Polymeren. Vysokomol. Soed. (Hochmol. Verbind.) Serie A **14** (1972) 7, S. 1523–1527.

[54] *Čerejskij, Z. Ju., Utevskij, L. E.*, und *Gugel', I.*: Über strukturmechanische Veränderung/Arimid PM während der thermischen Imidisierung. Chim. Volokna (Chem. Fasern) (1972) 4, S. 75.

[55] *Fomenko, B. A., Perepečkin, L. P., Vasil'ev, B. V.*, und *Najmark, N. I.*: Spontane Dehnung von Triacetatfaserstoff. Vysokomol. Soed. (Hochmol. Verbind.) Serie A **11** (1969) 9, S. 1971–1978.

[56] *Zverev, M. P.*, und *Polovichina, L. A.*: Mech. Polimerov (Mech. Polymeren) (1967) 3, S. 503.

[57] *Sprague, B. S.*, und *Noether, H. D.*: The relationship for fine structure to mechanical properties of stretched saponified acetate fibers. Textile Res. J. **31** (1961) 10, S. 858–865.

[58] *Gorbačeva, V. O., Zav'jalova, N. N., Majboroda, V. I., Mil'kova, L. P., Bunareva, Z. S., Krasova, I. I.*, und *Proskurina, T. M.*: Physikalisch-mechanische Eigenschaften von Hochmodul-Regeneratcellulosefaserstoffen. Chim. Volokna (Chem. Fasern) (1971) 3, S. 49–51.

[59] Chem. Week **94** (1964) 18, S. 52.

[60] *Kurbanova, L. I.*, und *Konkin, A. A.*: Untersuchung der Eignung des Trockenspinnverfahrens bei Polyvinylacetat. Izv. vysšich uč. Zav. Chimija chim. Technol. (Hochschulnachr. Chemie chem. Technol.) **9** (1966) 4, S. 628–632.

[61] *Koton, M. M.*: Aussichten der Entwicklung der Synthesen von aromatischen Polyimiden (Polyarimiden). Chim. Volokna (Chem. Fasern) (1969) 4, S. 15–22.

[62] *Chudošev, I. F., Opric, Z. G., Kudrjavcev, G. I., Šablygin, M. V.*, und *Rodkin, A. A.*: Einfluß technologischer Faktoren auf die Betriebseigenschaften von Polyimidfaserstoffen. Chim. Volokna (Chem. Fasern) (1971) 3, S. 61–64.

[63] *Vollmert, B.*: Wärmebeständige Polymere. Kunststoffe **56** (1966) 10, S. 680–694.
Chim. Technol. Polimerov (Chemie Technol. Polymeren) (1967) 9, S. 104.

[64] *Konkin, A. A.*, und *Konnova, N. F.*: Kohlenstoffäden. Ž. vsesojuz. chim. Obšč. Mendeleeva (Z. chem. Allunions-Mendelejew-Ges.) **17** (1972) 6, S. 632–639.

[65] *Watt, W.*, und *Johnson, W.*: Polymer Prepr. **9** (1968) 2, S. 1245.

[66] Neues in der Chemiefaserproduktion. Red. *Rogovin, Z. A.*, und *Papkov, S. P.* Izd. „Mir", 1968.

[67] *Miller, D. J., Fitzer, E.*, und *Fiedler, A. K.*: Intern. Confer. on Carbon Fibres, their Composits and Applications. Mitt. 2, London 1971.

[68] *Johnson, J. W.*: Polymer Prepr. **9** (1968) 2, S. 1316.

[69] *Watt, W.*: Carbon **10** (1972) 2, S. 121.

[70] *Kotina, E. V., Konkin, A. A., Gorbačeva, V. O.*, und *Erofeeva, N. F.*: Herstellungsverfahren und Eigenschaften von Kohlenstoff-Fäden. Chim. Volokna (Chem. Fasern) (1969) 6, S. 1–9.

[71] *Herlinger, H.*: Hochtemperaturbeständige Fasermaterialien aus organischen Grundstoffen. Lenzinger Ber., Lenzing/Österr. (1971) 32, S. 31–38.

[72] *Bobrov, L. I.*: Hitzefeste Faserstoffe. Chim. Volokna (Chemiefasern) (1968) 3, S. 71–75.

[73] *Otani, S., Yokoyama, A.*, und *Nukui, A.*: Appl. Polymer Symposia (1969) 9, S. 325.

[74] Whisker Technology. Red. *Levitt, A. P.*, New York 1970.

[75] *Karrol-Porczynki, C.*: Advanced Materials. Guildford 1962.

[76] Modern Composite Materials. Red. *Broutman, L. J.*, und *Krock, R. H.*: California 1967.

[77] *Berežnova, G. V.*: Fadenförmige Kristalle. Izd. Nauka, 1969.

[78] *Okamura, S., Hayashi, K.,* und *Kitanishi, Y.:* Radiation-induced solid-state polymerization of ring compounds. J. Polymer Sci. **58** (1962) 166, Teil 2, S. 925–953.

[79] *Morawetz, H.:* Polymerization in the solid state. J. Polymer Sci., C: Polymer Symposia **12** (1966) 12, S. 79–88.

[80] *Slucker, A. I., Gromov, A. E.,* und *Pšeżeckij, V. S.:* Fizika tverd. Tela, Moskva (Festkörperphysik) **6** (1964) 2, S. 456.

[81] *Ryskin, V. S.,* und *Slucker, A. I.:* Festigkeitseigenschaften nadelförmiger Monokristalle von Polyoxymethylen. Mech. Polimerov, Riga (Mech. Polymeren) **6** (1970) 2, S. 266–270.

[82] *Machi, E. M., Morosoff, N.,* und *Morawetz, H.:* Polymerization in the crystalline state. X. Solid-state conversion of 6-Aminocaproic acid to oriented nylon 6. J. Polymer Sci., A-1 Polymer Chem. **6** (1968) 8, S. 2033–2049.

[83] *Cetlin, B. L.,* und *Vlasov, A. B.:* In: Sammelband Strahlenchemie der Polymeren. Izd. Nauka 1966.

[84] Polymerisation auf einem Kristallgitter. Kunststoffe **59** (1969) 8, S. 520.

[85] *Walton, A. G., Carr, S. H.,* und *Baer, E.:* Polymer Prepr. **9** (1968) 1, S. 603.

[86] *Behrens, H., Roth, H.-K.,* und *Neumann, I.:* Strahleninitiierte Blockpolymerisation von Vinylchlorid im elektrischen Gleichfeld. Plaste u. Kautschuk **12** (1965) 4, S. 233.

[87] *Toth, W. J.,* und *Tobolsky, A. V.:* J. Polymer Sci., C: Polymer Symposia **8** (1970) 8, S. 531.

[88] *Samuelski, E. T.,* und *Tobolsky, A. V.:* Macromolecules, Washington **1** (1968) S. 555.

[89] *Dobrecov, S. L., Lomonosova, N. V., Stel'mach, V. P.,* und *Frenkel', S. Ja.:* Orientierungsverhalten von hochmolekularem Polyacrylnitril. Vysokomol. Soed. (Hochmol. Verbind.) Serie A **14** (1972) 5, S. 1143–1148.

[90] *Mark, H.:* Neuere Fortschritte bei Zellulosefasern. Chemiefasern **15** (1965) 6, S. 422–427.

[91] *Dajchin, M. Ja., Silin, V. A.,* und *Kladnickaja, L. P.:* Gerät zur Schnellkontrolle der Viskosequalität. Chim. Volokna (Chem. Fasern) (1965) 5, S. 69–70.

[92] *Wilfong, R. E.,* und *Zimmerman, J.:* Rubber World **166** (1972) 4, S. 40.

[93] *Black, W. B.:* Polymer Prepr. **13** (1972) 1, S. 619 bis 620.

[94] *Preston, J.:* Polymer Prepr. **13** (1972) 1, S. 619.

[95] *Black, W. B., Preston, J., Morgan, H. S., Rauman, G.,* und *Lilyquist, M. R.:* Polymer Prepr. **13** (1972) 1, S. 620.

[96] Chem. Week **108** (1971) 18, S. 56.

[97] Chem. engng. News **79** (1972) 5, S. 54.

[98] Superfester synthetischer Faserstoff VNIIVLON N. Chim. Volokna (Chem. Fasern) (1971) 1, S. 76.

[99] Polyamide, deren Herstellung und Anwendungen, insbesondere zur Erzeugung von Fasern. FRP 1526745 vom 13. 6. 1967. Inh.: E. I. du Pont de Nemours & Co. Int. Kl.: D 01 f u. C 08g 20/00.

[100] BEP 726050 von 1969. Erf.: *Baira, M.*

[101] *Russe, M.:* Mat. Plast. Elast., Milano **38** (1972) 4, S. 315.

[102] Thermisch beständiger Polyamidfaserstoff TERLON. Chim. Volokna (Chem. Fasern) (1972) 6, S. 20–21.

[103] *Bartenev, G. M.,* und *Zuev, Ju. S.:* Festigkeit und Zerstörung hochelastischer Materialien. Moskva: Izd. Chimija 1964.

[104] *Gul', V. E.:* Festigkeit von Polymeren. Moskva: Izd. Chimija 1971.

[105] *Perepelkin, K. E.,* und *Rojtich, A. M.:* Abhängigkeit der physikalisch-mechanischen Eigenschaften des orientierten polymeren Materials (Filme, Fasern) von der Deformationsrate. Fiziko-mech. Mech. Materialov (Physik.-mech. Mech. Materialien) **4** (1968) 3, S. 271–278.

[106] *Alfrej, T.:* Mechanische Eigenschaften von Polymeren. Izdatinlit 1952.

[107] *Žurkov, S. N.,* und *Abrasov, S. A.:* Temperatur- und Zeitabhängigkeit der Festigkeit von polymeren Fasern. Vysokomol. Soed. (Hochmol. Verbind.) **3** (1961) 3, S. 441–449;
—: Die Rolle der chemischen und zwischenmolekularen Bindungen beim Reißen von Polymeren. Vysokomol. Soed. (Hochmol. Verbind.) **3** (1961) 3, S. 450–455.

[108] *Žurkov, S. N., Narzulaev, B. N.:* Ž. techn. fiziki (Z. techn. Physik) **23** (1953) S. 1677.

[109] *Žurkov, S. N.,* und *Sanfirova, T. P.:* Beziehung zwischen der Festigkeit und Plastizität von Metallen und Legierungen. Ž. techn. Fiziki (Z. techn. Physik) **28** (1958) 8, S. 1719–1726.

[110] *Regel', V. P., Slucker, A. I.,* und *Tomaševskij, E. E.:* Usp. fizič. Nauk (Fortschr. physik. Wiss.) **106** (1972) 2, S. 193.

[111] *Žurkov, S. N.,* und *Abasov, S. A.:* Zusammenhang zwischen mechanischer Festigkeit und thermischem Abbau von Polymeren. III. Vysokomol. Soed. (Hochmol. Verbind.) **4** (1962) 11, S. 1703–1708.

[112] *Žurkov, S. N.,* und *Tomaševskij, E. E.:* Sammelbd. Einige Probleme der Festigkeit des Festkörpers. Moskva: Izd. Akad. Nauk SSSR 1957, S. 68.

[113] *Perepelkin, K. E.:* Fiziko-mech. Mech. mat. (Physik.-mech. Mech. Mat.) (1970) 2, 78.

[114] *Michajlov, N. V.,* und *Kargin, V. A.:* Sammelbd. Arbeiten der IV. Konferenz f. hochmolekulare Verbindungen. Moskva: Izd. Akad. Nauk/SSSR 1948 S. 138.

[115] *Bartenev, G. M.,* und *Bališin, A. A.:* Theoretische Festigkeit von hochorientierten Polymeren. Mech. Polimerov, Riga (Mech. Polymeren) (1970) 3, S. 458–464.

[116] *Žirnov, N. J., Korjak-Doronenko, E. G.,* und *Bartenev, G. M.:* Beurteilung der theoretischen Festigkeit von orientiertem Polyäthylen. Vysokomol., Soed. (Hochmol. Verbind.), Serie A **11** (1969) 6, S. 1229–1233.

[117] *Krässig, H.,* und *Kitchen, W.:* Factors influencing tensile properties of cellulose fibers. J. Polymer Sci. **51** (1961) 155, S. 123–172.

[118] *Krässig, H.:* Chim. Technol. Polimerov (Chem. Technol. Polymeren) (1963) 8, S. 65.

[119] *Kusenko, V. S., Slucker, A. I.,* und *Jastrebinskij, A. A.:* Entstehung submikroskopischer Brüche bei der Belastung orientierter amorph-kristalliner Polymerer. Fizika tverd. Tela, Moskva (Festkörperphysik) (1967) 8, S. 2390–2399.

[120] *Kuksenko, V. S.,* und *Slucker, A. I.:* Über die Korrelation zwischen den Zerstörungs-Deformationsvorgängen in orientierten Polymeren. Mech. Polimerov, (Mech. Polymeren **6**(1970) 1, S. 43–47.

[121] *Prevorček, D. C.:* Polymer Prepr. **10** (1969) 1203.

[122] *Becht, J., de Vries, K. L.,* und *Kausch, H. H.:* On some aspects of strength of fibres. European Polymer J. **7** (1971) 2, S. 105–114.

[123] *Pakšver, A. B.:* Moderne Verfahren zur Erhöhung der Festigkeit von Chemiefaserstoffen. Chim. Volokna (Chem. Fasern) (1969) 4, S. 46–49.

[124] *Žurkov, S. N., Vettegren', V. I., Novak, I. I.,* und *Kašinceva, K. N.:* Untersuchung mechanisch beanspruchter Bindungen in Polymeren mit Hilfe der UR-Spektroskopie. Dokl. Akad. Nauk SSSR (Ber. Akad. Wiss. UdSSR) **176** (1967) 3, S. 623–626.

[125] *Žurkov, S. N., Vettegren', V. I., Korsukov, V. E.,* und *Novak, N. I.:* Fizika tverd. Tela (Festkörperphysik) **11** (1969) 2, S. 290.

[126] *Kuksenko, V. S., Ovčinnikov, V. A.,* und *Slucker, A. I.:* Elastizität interkristalliner Zwischenschichten und die mechanischen Eigenschaften von orientierten Polymeren. Mech. Polimerov, Riga (Mech. Polymeren) **5** (1969) 6, S. 1002–1007.

[127] *Perepelkin, K. E.,* und *Romanov, V. N.:* Einschätzung des Anteils an belasteten Ketten bei Dehnung orientierter Polymerer. Mech. Polimerov, Riga (Mech. Polymeren) **9** (1973) 1, S. 3–7.

[128] *Žurkov, S. N.*, und *Abasov, S. A.*: Abhängigkeit der Polymerfestigkeit von der rel. Molekülmasse. Fizika tverd. Tela, Moskva (Festkörperphysik) **4** (1962) 8, S. 2184–2192.

[129] *Perepelkin, K. E.*: Zur Frage des Zusammenhangs zwischen der Reißfestigkeit und dem Polymerisationsgrad. Chim. Volokna (Chem. Fasern) (1969) 4, S. 70.
— : Hochmodul-Polyvinylalkoholfäden. Chim. Volokna (Chem. Fasern) (1969) 5, S. 69.

[130] *Stepanov, A. V.*: Ž. eksperim. teoret. Fiziki (Z. experim. theoret. Physik) **19** (1949) 11, S. 973.

[131] *Treloar, L. R. G.*: Calculation of elastic moduli of polymer crystal. I. Polyethylene and nylon 6.6. II. Terylene. III. Cellulose. Polymer, London **1** (1960) 1, S. 95–103; 3, S. 279–303.

[132] *Shimanouchi, T.*, *Asahina, M.*, und *Enomoto, S.*: Elastic moduli of oriented polymers. I. The simple helix, polyethylene, polytetrafluoroethylene, and a general formula. J. Polymer Sci. **59** (1962) 167, S. 93–100.

[133] *Asahina, M.*, und *Enomoto, S.*: Elastic moduli of oriented polymers. II. $(-A_1-A_2-)_n$-type polymers. J. Polymer Sci. **59** (1962) 167, S. 101–111.

[134] *Mizushima, S.*, und *Shimanouti, T.*: Raman frequencies of n-paraffin molecules. J. amer. chem. Soc. **71** (1949) S. 1320–1324.

[135] *Bartenev, G. M.*, und *Vališin, A. A.*: Mech. Polimerov, Riga (Mech. Polymeren) (1968) 6, S. 1002; (1969) 2, S. 213.

[136] *Sakurada, I.*, und *Ito, T.*: Experimental determination of elastic moduli of the crystalline regions in oriented polymers. I. Polyethylene and polyvinylalcohol. III. Polyethylene terephthalate, polyvinylidene chloride and cellulose. Kobunshi Kagaku, Tokyo (Chem. High Polymers) **19** (1962) 205, S. 285–292; S. 300–306.
Sakurada, I., *Nukushina, Y.*, und *Ito, T.*: Experimental determination of the elastic moduli of crystalline regions on oriented polymers. II. J. Polymer Sci. **57** (1962) 165, S. 651–660.

[137] *Sakurada, I.*: Chim. Technol. Polimerov (Chemie Technol. Polymeren) (1964) 10, S. 19.

[138] *Sakurada, I.*, *Ito, T.*, und *Nakamae, K.*: Experimental determination of elastic moduli of the crystalline regions in the direction perpendicular to chain axis in oriented polymers. IV. Isotactic polystyrene. Kobunshi Kagaku, Tokyo (Chem. High Polymers) **21** (1964) 228, S. 206–209.

[139] *Korematsu, M.*, *Masuda, H.*, und *Kuriyama, S.*: Studies on polyesters from β-hydroxy-ethoxy aromatic acids. IV. Elastic modulus of polyethylene oxybenzoate fibers. Sen-i-Gakkaishi, Tokyo (J. Soc. Textile Cellulose Ind., Japan) **16** (1960) 5, S. 388–391.

[140] *Mann, J.*, und *Roldan-Gonzales, L.*: X-ray measurements of the elastic modulus of cellulose crystals. Polymer, London **3** (1962) 4, S. 549–553.

[141] *Dulmage, W. J.*, und *Contois, L. E.*: A study of the elastic modulus and extensibility of the crystalline regions in highly oriented polymers. J. Polymer Sci. **28** (1958) 117, S. 275–284.

[142] *Jaswon, M. A.*, *Gillis, P. P.*, und *Mark, R. E.*: Proc. Roy. Soc. A **306** (1968) S. 389.

[143] *Sakurada, I.*, und *Kaji, K.*: Experimental determination of elastic moduli of the crystalline regions in oriented polymers. XI. Polyethylene terephthalate and its copolymer. Kobunshi Kagaku, Tokyo (Chem. High Polymers) **26** (1969) 296, S. 817–822.

[144] *Gillis, P. P.*: Elastics constants of cellulose. Cellulose Chem. Technology, Jassy/Rum. **4** (1970) 2, S. 123–135 (engl.).

[145] *Slucker, L. I.*, *Čerejskij, Z. Ju.*, *Utevskij, L. E.*, *Min'kova, N. D.*, und *Stark, I. M.*: Über die Beziehung zwischen den Elastizitätskriterien von ARIMID PM und dem E-Modul seines Kristallgitters. Mech. Polimerov, Riga (Mech. Polymeren) **8** (1972) 5, S. 771–773.

[146] *Fielding-Russell, G. S.*: Estimation of the elastic modulus of fully aromatic polyamide fibers. Textile Res. J. **41** (1971) 10, S. 861–864.

[147] *Perepelkin, K. E.*: Fizika tverd. Tela, Moskva (Festkörperphysik) **11** (1969) 12, S. 3529.

[148] *Krigbaum, W. R.*, *Roe, R.-J.*, und *Smith, K.-J.*, jr.: A theoretical treatment of the modulus of semicrystalline polymers. Polymer, London **5** (1964) 10, S. 533–542.

[149] *Perepelkin, K. E.*: Über die Beziehung zwischen der Molekularstruktur und einigen mechanischen Eigenschaften von orientierten Polymeren. Mech. Polimerov, Riga (Mech. Polymeren) **5** (1969) 4, S. 734 bis 735.

[150] *Kasatočkin, V. I.*, *Sladkov, A. M.*, *Kudrjavcev, Ju. P.*, und *Koršak, V. V.*: Sammelbd. Die Strukturchemie des Kohlenstoffes und des Graphits. Izd. Nauka 1969, S. 17.

[151] *Kasatočkin, V. I.*, *Šternberg, L. E.*, *Kudrjavcev, Ju. P.*, *Kazakov, M. E.*, *Slesarev, V. N.*, und *Belousova, L. V.*: Dokl. Akad. Nauk SSSR (Ber. Akad. Wiss. UdSSR) **209** (1973) 2, S. 388.

[152] Physikalisch-chemische Eigenschaften der Elemente. Handbuch. Red.: *Samsonova, G. V.* Izd. Naukova Dumka 1965.

[153] *Šulenov, S. V.*: Die Physik graphitierter Materialien. Izd. Metallurgija 1972.

[154] Graphit und seine kristallinen Verbindungen. Von *Ubellode, A. P.*, und *L'juis, F. F.* Izd. Mir 1965.

[155] Anorganische Nitride. Von *Samsonov, G. V.* Metallurgija 1969.

[156] Bornitridverbindungen. Von *Nidekcu, K.*, und *Dason, Dž. V.* Mir 1970.

[157] Kristallstrukturen der Doppelverbindungen. *Matjušenko, N. N.* Metallurgija 1969.

[158] *Perepelkin, K. E.*: Fiziko-chimič. Mech. Materialov (Physik.-chem. Mech. Materialien) **8** (1972) 2, S. 74.

[159] Sammelbd. Neue Chemiefasern für den technischen Einsatz. Von *Perepelkin, K. E.*: Chimija 1973, S. 75.

Eingegangen am 5. September 1973

Faserforschung und Textiltechnik 25 (1974) Heft 6
Zeitschrift für Polymerforschung

Quantitative Auswertung von Dünnschichtchromatogrammen wichtiger Monosaccharide

Achim Unger und Siegfried Poller

Institut für Forstwissenschaften Eberswalde beim Staatlichen Komitee für Forstwirtschaft Berlin

DK 547.455:543.554.42:543.062

Im Anschluß an eine bereits vorher veröffentlichte Übersichtsarbeit über die qualitative Dünnschichtchromatographie der wichtigsten Monosaccharide wird im nachstehenden Artikel ein Überblick über die Versuche zur quantitativen Bestimmung der dünnschichtchromatographisch getrennten Zucker gegeben.

Количественная оценка тонкослойных хроматограмм важных моносахаридов

В дополнение к уже опубликованной обзорной статье о качественной тонкослойной хроматографии важнейших моносахаридов, в нижеследующем дается обозрение опытов, касающихся количественного определения сахаров, разделяемых по тонкослойно-хроматографическому способу.

Quantitative detection of thin-layer chromatograms of the important monosaccharides

In addition to a summary on qualitative thin-layer chromatography of the most important monosaccharides, which was published before, the present article gives a survey of experiments concerning quantitative analysis of sugars separated by the method of thin-layer chromatography.

In Ergänzung unserer Übersichtsarbeit [25] über die qualitative Dünnschichtchromatographie (DC) wichtiger Monosaccharide (Glucose, Mannose, Galaktose, Arabinose, Xylose) werden im folgenden die wichtigsten Arbeiten besprochen, die sich mit der quantitativen Erfassung dieser Zucker auf Dünnschichtchromatogrammen befassen.

1. *Klassische Abschabe- bzw. Eluierungstechnik*

Eine quantitative Bestimmung von Zuckern auf Kieselgel-Platten mittels der Eluierungstechnik beschrieb zuerst *Pastuska* [24]. Die zuckerhaltigen Bereiche wurden von der Platte abgeschabt und die Kohlenhydrate mit eingestellter Chromschwefelsäure umgesetzt. Der unverbrauchte Teil der Säure wurde nach Verdünnen mit Wasser mit Kaliumjodid zur Reaktion gebracht und die gebildete Jodmenge mit Natriumthiosulfatlösung zurücktitriert. Für Zuckermengen zwischen 5 und 50 µg soll die Methode ungenau sein [2]. Kolorimetrische Methoden werden in diesem Konzentrationsbereich für aussichtsreicher gehalten.

Hay, Lewis und *Smith* [10] führten erstmals nach der von *Dubois* u. a. [7] angegebenen Phenol/Schwefelsäure-Reaktion eine kolorimetrische Bestimmung von Kohlenhydraten durch. *Bancher, Scherz* und *Kaindl* [2] modifizierten auf Grund der Nachteile beim Arbeiten mit konz. H_2SO_4 die Benzidinmethode von *Jones* und *Pridham* [13] für die quantitative Bestimmung von Aldosen auf Kieselgel-Schichten. Die Flecken wurden abgeschabt, wobei jeweils die gleiche Menge an Kieselgel entfernt werden mußte. Das Kieselgel wurde mit 0,2 ml 60%igem Äthanol durchfeuchtet, mit 2 ml einer 0,2%igen Benzidin/Eisessig-Lösung versetzt und auf dem Wasserbad erhitzt. Nach Abkühlung und Abtrennung der Lösung vom Rückstand erfolgte die spektralphotometrische Extinktionsbestimmung bei 350 nm. Die Genauigkeit des Verfahrens betrug etwa 5%. *Wolfrom, Patin* und *De Lederkremer* [38] nahmen eine halbquantitative Bestimmung von Galaktose und Xylose mit Natriumperjodat bzw. über die Phenylosazone nach Trennung auf mikrokristalliner Cellulose (*Avirin*) vor. In einer weiteren Arbeit [39] wurde eine ähnliche Arbeitsweise wie bei [2] für die quantitative Bestimmung von auf mikrokristalliner Cellulose getrennten Zuckern beschrieben, wobei Anilinphthalat als Reagenz verwendet wurde.

Scherz, Rücker und *Bancher* [28] wandten die Diphenylaminmethode von *Vernon* und *Aronoff* [34] für die quantitative Bestimmung von Aldo- und Ketohexosen auf Kieselgel an. Diphenylamin reagierte dabei mit einem Gemisch von Salzsäure und Eisessig beim Erhitzen mit den Keto- und Aldohexosen unter Blaufärbung. Die Extinktion wurde bei 640 nm gemessen. *Tholey* und *Wurtz* [33] trennten ein Gemisch aus Glucose und Maltose an Kieselgur und bestimmten die Komponenten mit der Anthronmethode nach *Dreywood* [6]. *Vomhof, Truitt* und *Tucker* [35] führten nach Trennung von Kohlenhydraten auf Cellulose MN 300 ebenfalls eine quantitative Bestimmung mit Anthron durch. Die Zucker wurden mit 90 bis 95%igem Aceton eluiert, die erhaltenen Lösungen bis zur Trockene eingedampft und anschließend mit 2 ml H_2O, 0,5 ml Anthron-Reagenz und 4 ml H_2SO_4 (konz.) aufgenommen. Nach Erreichen der maximalen Farbintensität durch Erhitzen wurde in einem Spektrophotometer bei 625 nm vermessen. *Igloy* und *Mizsu* [12] gingen bei der quantitativen Zuckerbestimmung auf phosphatgepufferten Kieselgel-Schichten ähnlich vor. *Samujlenko* [27] benutzte für die quantitative Bestimmung der Ketosen und Aldosen nach Trennung auf Celluloseschichten Resorcinphosphat (oder Harnstoff) sowie Anilinphthalat. Die Zucker wurden durch Erhitzen mit 60%igem wäßrigem Alkohol auf 80 °C eluiert und photometrisch u. a. nach *Kulka* [18] bestimmt. *Nicot* u. a. [23] eluierten die auf Cellulose MN 300 lokalisierten Hexosen für die quantitative Bestimmung mit Wasser. *Avigad* und *Bauer* [1] benutzten zur Sichtbarmachung der von ihnen bei tiefen Temperaturen getrennten radioaktiven Zucker o-Aminobiphenyl und Harnstoff/Phosphorsäure. Zur quantitativen Bestimmung wurden die radioaktiven Zucker abgeschabt und in einem Tri-Carb-Szintillationsspektrometer vermessen.

Horton und *Tsuchiya* [11] gaben zwei einfache Techniken zur Lokalisierung von Zuckern auf Silicagel-, Aluminium- und Celluloseschichten an. Bei der einen Methode wurde ein Teil der Trägerschicht mit den getrennten Zuckern auf Klebestreifen übertragen und dort sichtbar gemacht. Anschließend konnten die ermittelten Zonen auf der Trägerplatte markiert, abgeschabt und schließlich die Kohlenhydrate eluiert werden. Die zweite Technik bestand darin, daß Glasstreifen mit Siliconfett bestrichen, auf die entwickelte Platte gelegt, angedrückt und dann aufgenommen wurden, wobei ein Teil der Trägerschicht auf den Glasstreifen haftete. Danach wurden die Zucker mit einem Sprühreagenz sichtbar gemacht und auf der Trägerplatte mit Äther eluiert. Die Reinigung der Eluate erfolgte über kleine Silicagel-Säulen und durch Vakuummikrodestillation. Zur Gehaltsbestimmung wurden Elementaranalyse, NMR-Spektroskopie und Gas-Flüssig-Chromatographie angeschlossen.

Eine halbquantitative spektrophotometrische Bestimmung von Zuckern auf mit H_3BO_3 gepuffertem Silicagel gaben *Lato* u. Mitarb. [20] an. Kohlenhydrate, die auf Calciumcarbonatschichten getrennt wurden, konnten kolorimetrisch bestimmt werden [31]. *Berger* und *Agate* [4] eluierten Galaktose und Fructose von Cellulose MN 300-Schichten mit Wasser und bestimmten sie nach Derivatbildung mit Phenylhydrazin gravimetrisch. Über die Analyse von Zuckern auf Celluloseschichten berichtete auch *Yamazoe* [40]. Nach Elution der Flecken wurde mit Gallussäure/H_2SO_4 unter Erwärmen umgesetzt und die Farbintensität bei 550 nm gemessen. *Scott* [29] beschrieb eine einfache Methode zur quantitativen Bestimmung von Zuckern nach Elution von Silicagelschichten. Mit Hilfe eines speziellen Aufnahmeröhrchens mit eingeschmolzener Fritte wurden die entsprechenden Trägerschichtbereiche aufgenommen, mit Wasser auf die Fritte gespült und eluiert. Vor der Messung im Spektrophotometer wurden die Eluate mit H_2SO_4 (konz.) umgesetzt. Die mittlere Wiedergewinnung von Glucose auf einfachem Silicagel betrug 95,2% bei einer relativen Standardabweichung von 0,0074. *Bell* und *Talukder* [3] trennten Arabinose, Ribose und Xylose von anderen Zuckern auf 0,02 m Natriumacetat gepuffertem Kieselgur G. Für die quantitative Bestimmung wurde ein Lösung, bestehend aus p-Anisidinhydrochlorid (1 g) in Methanol (5 ml) und Natriumdithionit (100 mg) sowie n-Butanol (95 ml) benutzt. Die Messung erfolgte im Spektrophotometer bei 395 nm. Die Genauigkeit war im Bereich von 5 bis 80 µg je Zucker zufriedenstellend. In einer weiteren Arbeit [32] wurden Fucose-Xylose-Gemische nach Trennung quantitativ bestimmt. *Raadsveld* und *Klomp* [26] führten eine quantitative Analyse von Zuckern nach Trennung auf Cellulose MN 300 durch. Die zuckerhaltigen Zonen wurden abgeschabt, mit Wasser versetzt und zentrifugiert. Von der überstehenden Lösung wurden 0,5 ml mit 0,5 ml einer Tetrazoliumblauchlorid-Lösung versetzt und gekocht. Nach dem Abkühlen konnte die Extinktion bei 615 nm gemessen werden.

2. *Direkte Bestimmung auf der Dünnschichtplatte*

Zur Direktauswertung der Dünnschichtchromatogramme wurden Photometer mit geeignetem Chromatogrammauswertungszubehör [9] oder Densitometer, die für Transmissions- und Reflexionsmessungen dünner Festmaterialien konstruiert worden sind [8], verwendet. Mit Hilfe dieser Geräte durchstrahlte man einen Flächenausschnitt der Sorptionsschicht, auf der sich der Fleck befand. Die Lichtschwächung wurde mit derjenigen verglichen, die sich beim Durchstrahlen eines gleichgroßen Flächenstückes der fleckfreien Schicht registrieren ließ [30].

Lamkin u. Mitarb. [19] nahmen eine direktdensitometrische Bestimmung von Rückständen neutraler Monosaccharide in Glykoproteinen und Glykopeptiden nach Trennung auf Celluloseschichten vor. Die Hydrolysate wurden vor der Bestimmung an Dowex-Austauschern von Peptiden, Aminosäuren, Aminozuckern und anorganischen Ionen befreit. Die Genauigkeit betrug $\pm 10\%$. *Moczar* u. Mitarb. [22] befaßten sich mit der Bestimmung von neutralen Zuckern und Aminozuckern in Glykopeptiden auf Eastman Kodak 511 V-Schichten und anschließender densitometrischer Auswertung.

Kringstad [15] beschrieb eine Methode zur Bestimmung von Kohlenhydraten in Zellstoffhydrolysaten mittels Direktdensitometrie auf phosphatgepufferten Kieselgur G-Schichten. Als Sprühreagenz diente ein Gemisch aus Oxalsäure in Wasser und Anilin in Aceton. Für Absolutbestimmungen mußte infolge unterschiedlicher Schichteigenschaften die zu analysierende Probe gemeinsam mit einer bekannten Probe auf einer Platte getrennt werden. Die Zellstoffhydrolysate konnten ohne vorherige Neutralisation aufgetragen werden. Der Arbeitsaufwand war gering. Für relative Bestimmungen waren Schwankungen in den Schichteigenschaften für die Reproduzierbarkeit der Ergebnisse nicht von Bedeutung. *De Stefanis* und *Ponte* jr. [5] benutzten acetatgepuffertes Kieselgel D-o für die Trennung von Kohlenhydraten und anschließender densitometrischer Bestimmung der mit Diphenylamin/Anilin/Phosphorsäure sichtbar gemachten Zucker. *Krzeczkowska* u. a. [16, 17] beschäftigten sich mit der DC-Bestimmung von Kohlenhydraten mit statistischer Ergebnisauswertung. Die Photometrierung erfolgte nach Sichtbarmachung mit Anilin/o-Phthalsäure. Sprühreagenzien (3,3%ige und 50%ige H_2SO_4, Ammoniumsulfat, Sulfurylchlorid) für die quantitative Bestimmung von Kohlenhydraten auf Silicagel G prüften *Lehrfeld* und *Goodwin* [21] auf ihre Eignung für die densitometrische Methode. Die Messungen wurden mit einem Photovolt TLC Densitometer durchgeführt. Sulfurylchlorid ergab dabei die besten Ergebnisse. *Washüttl* [36] verwendete für die quantitative Auswertung auf Kieselgel getrennter Zucker ein Chromoscan-Densitometer. Eine rasche Messung war erforderlich, da die Intensität der Flecken schnell abnahm.

Kelleher [14] beschrieb eine Methode zur quantitativen Bestimmung von Zuckern durch Ausmessung der auf einen Polaroid-Projektionsfilm übertragenen Chromatogramme mit Hilfe eines herkömmlichen Dünnschichtdensitometers. Als Sprühreagenz diente Anilin/Diphenylamin/Phosphorsäure. Standardkurven von Fucose und Glucose zeigten eine lineare Beziehung zwischen den Peakbereichen und der Menge der auf dem Chromatogramm befindlichen Zucker. Als Vorteile der Methode wurden angegeben: 1. Die Empfindlichkeit ist ebenso groß wie bei der Direktdensitometrie. 2. Die Linearität erstreckt sich über einen großen Konzentrationsbereich. 3. Es ist nur ein Minimum an Manipulationen mit dem Chromatogramm erforderlich. 4. Die Photographien sind haltbar.

Die Methode kann zweckmäßigerweise überall dort Anwendung finden, wo die physikalischen Charakteristika des Trennsystems eine direkte densitometrische Analyse technisch schwierig machen.

Eine densitometrische Bestimmung von in Kiefernnadeln enthaltenen Zuckern auf phosphatimprägnierten Kieselgelfertigplatten nahmen *Welch* und *Martin* [37] nach Besprühen mit Anilin/Diphenylamin/Phosphorsäure vor. Dabei wurden statistische Angaben gesammelt und auf die Notwendigkeit von Standards hingewiesen.

Die bisher bei der quantitativen Zuckerbestimmung erhaltenen Ergebnisse zeigen, daß die Genauigkeit der Bestimmung noch weiter verbessert werden muß. Die densitometrische Methode ist wegen ihrer Einfachheit der Elutierungstechnik mit anschließender kolorimetrischer Messung im allgemeinen vorzuziehen.

Literatur

[1] *Avigad, G.*, und *Bauer, S.:* Partition of sugars by thin-layer chromatography at low temperatures. Carbohyd. Res. **5** (1967) S. 417–425.

[2] *Bancher, E., Scherz, H.*, und *Kaindl, K.:* Dünnschichtchromatographische Trennung und Bestimmung von Kohlenhydraten. I. Microchim. Acta (1964) S. 652–659.

[3] *Bell, D. J.*, und *Talukder, M.-Q.-K.:* Thin-layer quantitative chromatography of arabinose, ribose and xylose in the presence of other sugars. J. Chromatogr. **49** (1970) S. 469–472.

[4] *Berger, P. D.*, und *Agate, A. S.:* Thin-layer chromatography of simple sugars in the presence of large quantities of sucrose. J. Chromatogr. **39** (1969) S. 232–234.

[5] *De Stefanis, V. A.*, und *Ponte, J. G.*, jr.: Separation of sugars by thin-layer chromatography. J. Chromatogr. **34** (1968) S. 116–120.

[6] *Dreywood, R.:* Qualitative test for carbohydrate material. Ind. engng. Chem. ,Anal. Ed. **18** (1946) S. 499.

[7] *Dubois, M., Gilles, K., Hamilton, J. K., Rebers, P. A.*, und *Smith, F.*: A colorimetric method for the determination of sugars. Nature, London **168** (1951), S. 167.

[8] Firmenschrift 64/5A der Fa. Joyce, Loebl & Co. Ltd., England.

[9] Firmenschriften 360 und 367 der Fa. Photovolt Corp., USA.

[10] *Hay, G. W., Lewis, B. A.*, und *Smith, F.*: Thin-film chromatography in the study of carbohydrates. J. Chromatogr. **11** (1963) S. 479—486.

[11] *Horton, D.*, und *Tsuchiya, T.*: Preparative thin-layer chromatography in carbohydrate chemistry. Carbohyd. Res. **5** (1967) S. 426—432.

[12] *Igloy, M.*, und *Mizsu, A.*: Quantitative Analyse von Sorbose in Gegenwart einiger häufig vorkommender Monosaccharide durch Dünnschicht-Chromatographie. J. Chromatogr. **46** (1970) S. 207—210; Z. anal. Chemie **255** (1971) S. 176.

[13] *Jones, J. K. N.*, und *Pridham, J. B.*: A colorimetric estimation of sugars using benzidine. Nature, London (1953) S. 161.

[14] *Kelleher, P. C.*: Densitometry of thin-layer chromatograms using polaroid projection film. Application to the analysis of monosaccharides. J. Chromatogr. **52** (1970) S. 437—446.

[15] *Kringstad, K.*: Direct densitometry of thin-layer chromatograms of some carbohydrates. Norsk Skogind. **6** (1967) S. 210—219.

[16] *Krzeczkowska, I., Burzynski, S.*, und *Czerniak, Z.*: Bestimmung von Kohlenhydraten und ihre statistische Auswertung. 1. Mitt.: Unter verschiedenen Bedingungen durch Papier- und Dünnschichtchromatographie erhaltene Ergebnisse. Chem. analit. **13** (1968) S. 1221 bis 1228; ref. in: CZ. **140** (1969) 32, 1605.

[17] *Krzeczkowska, I., Czerniak, Z.*, und *Burzynski, S.*: Bestimmung von Kohlenhydraten und ihre statistische Auswertung. 2. Mitt.: Varianzanalyse zur vierfachen Klassifizierung und Vertrauensbereiche nach *Tukey*. Chem. analit **13** (1968) S. 1229—1238; ref. in: CZ. **140** (1969) 32, 1606.

[18] *Kulka, R. G.*: Colorimetric estimation of ketopentoses and ketohexoses. Biochem. J. **63** (1956) S. 542—548.

[19] *Lamkin, W. M., Ward, D. N.*, und *Walborg, E. F.*, jr.: Quantitative dünnschichtchromatographische Bestimmung von Rückständen neutraler Monosaccharide in Glykoproteinen und Glykopeptiden. Analyt. Biochem. **17** (1966) S. 485—494; ref. in: CZ **138** (1967) 46, 1940.

[20] *Lato, M., Brunelli, B., Ciuffini, G.*, und *Mezzetti, T.*: Analysis of carbohydrates in biological fluids by means of thin-layer chromatography. J. Chromatogr. **36** (1968) S. 191—197.

[21] *Lehrfeld, J.*, und *Goodwin, J. C.*: Visualization reagents for quantitation of carbohydrates on thin-layer chromatograms by transmission densitometry. J. Chromatogr. **45** (1969) S. 150—154.

[22] *Moczar, E., Moczar, M., Schillinger, G.*, und *Robert, L.*: Eine schnelle Mikrobestimmung von neutralen Zuckern und Aminozuckern in Glykopeptiden durch Dünnschichtchromatographie. J. Chromatogr. **31** (1967) S. 561—564; ref. in: CZ. **140** (1969) 33, 1558.

[23] *Nicot, C., Cheftel, R.-I.*, und *Moretti, J.*: Dünnschichtchromatographische Bestimmung des molaren Verhältnisses von Galaktose/Mannose in Glykoproteinen. J. Chromatogr. **31** (1967) S. 565—568; ref. in: CZ **140** (1969) 31, 1731.

[24] *Pastuska, G.*: Untersuchungen über die qualitative und quantitative Bestimmung der Zucker mit Hilfe der Kieselgelschicht-Chromatographie. II. Mitt. Z. analyt. Chem. **179** (1961) S. 427—429.

[25] *Poller, S.*, und *Unger, A.*: Qualitative Dünnschichtchromatographie wichtiger Monosaccharide. Faserforsch. und Textiltechnik **24** (1973) 12, S. 513—520.

[26] *Raadsveld, C. W.*, und *Klomp, H.*: Thin-layer chromatographic analysis of sugar mixtures. J. Chromatogr. **57** (1971) S. 99—106.

[27] *Samujlenko, A. I.*: Quantitative dünnschichtchromatographische Bestimmung von Kohlenhydraten in Pflanmaterial. Dokl. Akad. Nauk Beloruss. SSR **10** (1966) S. 115—116; ref. in: CZ. **139** (1968) 31, 2173.

[28] *Scherz, H., Rücker, W.*, und *Bancher, E.*: Dünnschichtchromatographie der Kohlenhydrate. III. Mikrochim. Acta (1965) S. 876—879.

[29] *Scott, R. W.*: Quantitative recovery of sugars from silica gel thin layers. J. Chromatogr. **49** (1970) S. 473—481.

[30] *Stahl, E.*: Dünnschicht-Chromatographie: Ein Laboratoriums-Handbuch. 2. Aufl. Berlin/Heidelberg/New York: Springer 1967, S. 138—140.

[31] Symp. V, Chromatog. Electrophorese, Bruxelles, 1969, S. 524—528.

[32] *Talukder, M. Q.-K.*: A rapid quantitative thin-layer chromatographic separation of fucose from other neutral monosaccharides. An application to separate other sugars of physiological interest. J. Chromatogr. **57** (1971) S. 391—395.

[33] *Tholey, G.*, und *Wurtz, B.*: Bestimmung eines Gemisches von Glucose und Maltose durch Dünnschichtchromatographie. Bull. Soc. Chim. biol. **46** (1964) S. 769—773; ref. in: CZ. **137** (1966) 12, 1944.

[34] *Vernon, L. P.*, und *Aronoff, S.*: Metabolism of soybean leaves. IV. Translocation from soybean leaves. Arch. Biochem. Biophysics **36** (1952) A. 383—398.

[35] *Vomhof, D. W., Truitt, J.*, und *Tucker, T. C.*: Spectrophotometric determination using anthrone for sugars separated by cellulose thin-layer chromatography. J. Chromatogr. **21** (1966) S. 335—337.

[36] *Washüttl, J.*: Dünnschichtchromatographische Bestimmung der freien Mono-, Di- und Trisaccharide in ruhenden Gerstenkörnern. Mikrochim. Acta (1969) S. 1003—1007.

[37] *Welch, L. B.*, und *Martin, N. E.*: Quantitative analysis of sugars by densitometric inspection of thin-layer chromatograms: analysis of method. J. Chromatogr. **77** (1972) S. 359—364.

[38] *Wolfrom, M. L., Patin, D. L.*, und *de Lederkremer, R. M.*: Thin-layer chromatography on microcrystalline cellulose. J. Chromatogr. **17** (1965) S. 488—494.

[39] *Wolfrom, M. L., de Lederkremer, R. M.*, und *Schwab, G.*: Quantitative thin-layer chromatography of sugars on microcrystalline cellulose. J. Chromatogr. **22** (1966) S. 474—476.

[40] *Yamazoe, Y.*: Determination of free sugars. TGL-gallic acid method. Eiyo To Shokuryo **23** (1970) S. 618—624; ref. in: CA. **75** (1971), 31170h.

Eingegangen am 29. Januar 1974

Faserforschung und Textiltechnik 25 (1974) Heft 6
Zeitschrift für Polymerforschung

Kurze Mitteilungen[1])

Untersuchung der übermolekularen Struktur einiger fadenbildender Polymerer

2. Mitt.: Untersuchung der übermolekularen Struktur von Polyamid 6[2])

DK 677.494.675'126:677.014.87:677.014.845:537.533.35:677.017.4

Einführung

Die physikalisch-mechanischen Eigenschaften der Polymeren hängen sowohl von der chemischen Struktur als auch von der Anordnung der Makromolekülketten zu übermolekularen Aggregaten ab. Die Modifizierung der übermolekularen Struktur eines Polymeren hat große Veränderungen seiner Eigenschaften zur Folge.

Aus der Literatur ist bekannt, daß die physikalischen Eigenschaften eines Fadens mit einer gegebenen chemischen Struktur hauptsächlich vom Kristallisationsgrad, von der statistischen Verteilung der Kristallitorientierung und von der Morphologie der übermolekularen Struktur abhängen.

In der vorliegenden Arbeit wird die Veränderung dieser Parameter und deren Einfluß auf die physikalisch-mechanischen Eigenschaften im Laufe der textil-technologischen Verarbeitung von Poly-ε-caprolactamfäden untersucht.

Experimenteller Teil

Es wurden Poly-ε-caprolactamfäden (PA 6) aus verschiedenen Abschnitten des Verarbeitungs-Prozesses untersucht.

Die Röntgenbeugung wurde an einem Röntgengerät Kristalloflex-4 Siemens mit Cu-K_α-Strahlung gemessen. Um den Einfluß der Orientierungsunterschiede der untersuchten Proben auf die gemessene Kristallinität zu vermeiden, wurden die Fasern vorher gemahlen, so daß gewöhnliche Pulverröntgendiagramme erhalten wurden. Der Orientierungsfaktor wurde durch Doppelbrechungsmessungen und diffraktometrisch nach der Methode der azimutalen Breite bestimmt.

Die physikalisch-mechanischen Eigenschaften wurden dynamometrisch (Faffegraph) untersucht.

Zum Studium der Oberflächenstruktur wurde die Rasterelektronenmikroskopie (Typ JSM-50 A) herangezogen. Die Fasern wurden vorher durch elektrodenlose Entladung im Vakuum (10^{-2} Torr) geätzt; die den fünf technologischen Stufen entsprechenden Proben wurden unter gleichen Bedingungen behandelt. Die Faseroberfläche wurde zur Erzielung einer guten Leitfähigkeit unter einem Winkel von 90° mit Gold beschattet.

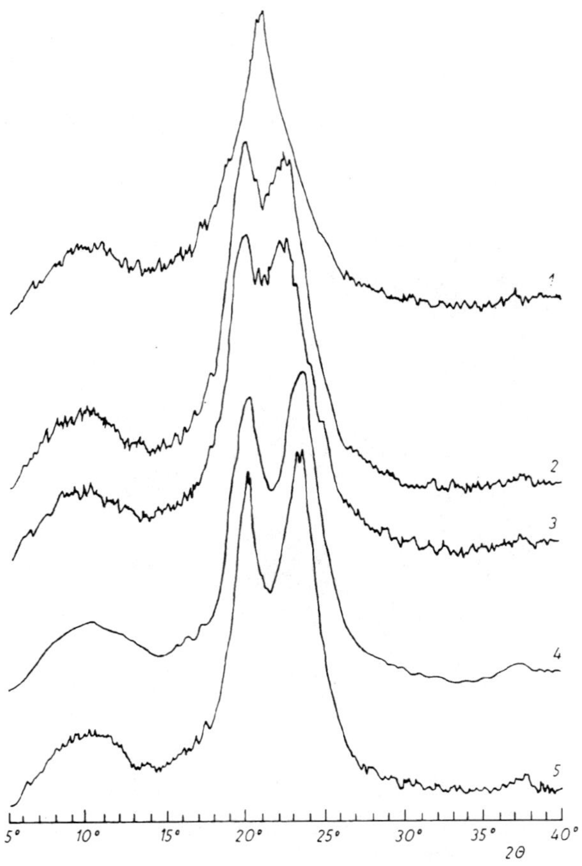

Bild 1. Röntgenstreukurven der Poly-ε-caprolactam-Fäden aus verschiedenen Verarbeitungsstufen
1 — Klimatisieren, 2 — Recken, 3 — Zwirnen, 4 — Waschen
5 — Fixieren

Ergebnisse und Diskussion

Aus den Röntgenstrukturen (Bild 1) konnte für die Probe 1 das hexagonale Kristallsystem (β-Form) und für die Proben 2 bis 5 das monokline System (α-Form) bestimmt werden [2 bis 4]. Der kristalline Anteil wurde nach *Hermans* aus den Röntgenstreukurven errechnet:

$$\alpha = \int_{2\Theta_1}^{2\Theta_2} I_c(\theta) \cdot d\theta / \int_{2\Theta_1}^{2\Theta_2} I(\theta) \cdot d\theta, \quad (1)$$

wobei

α = Kristallisationsgrad; $I_c(\theta)$ = Streu-Intensität des kristallinen Anteils als Funktion von θ; $I(\theta)$ = gesamte Intensität beim Winkel θ.

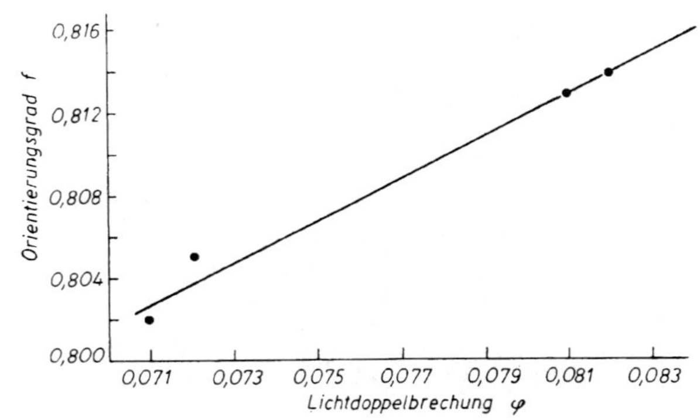

Bild 2. Zusammenhang zwischen dem röntgenographisch bestimmten Orientierungsfaktor f und der Lichtdoppelbrechung der untersuchten Proben

[1]) Die Veröffentlichung der „Kurzen Mitteilungen" erfolgt unter alleiniger Verantwortung der Verfasser.

[2]) Vorgetragen auf dem Internationalen Symposium „Polymer 73", Varna/Bulgarien, 4. bis 6. Oktober 1973.

Tabelle 1. Physikalisch-mechanische und strukturelle Kennwerte der untersuchten PA-6-Fäden

Technologische Phase	Proben-Nr.	Feinheit dtex	Zugfestigkeit gf/dtex	Reißfestigkeit gf	Dehnung %	Kristallisationsgrad %	Orientierungsfaktor	Doppelbrechung
Klimatisieren	1	10,8	1,02	11,0	319	60	nicht orientiert	0,038
Recken	2	3,46	4,7	16,2	54,6	69	0,814	0,082
Zwirnen	3	3,52	4,5	15,9	50,4	69	0,802	0,071
Waschen	4	3,66	4,2	15,5	51	67	0,805	0,072
Fixieren	5	3,55	4,56	16,0	50,2	69	0,813	0,081

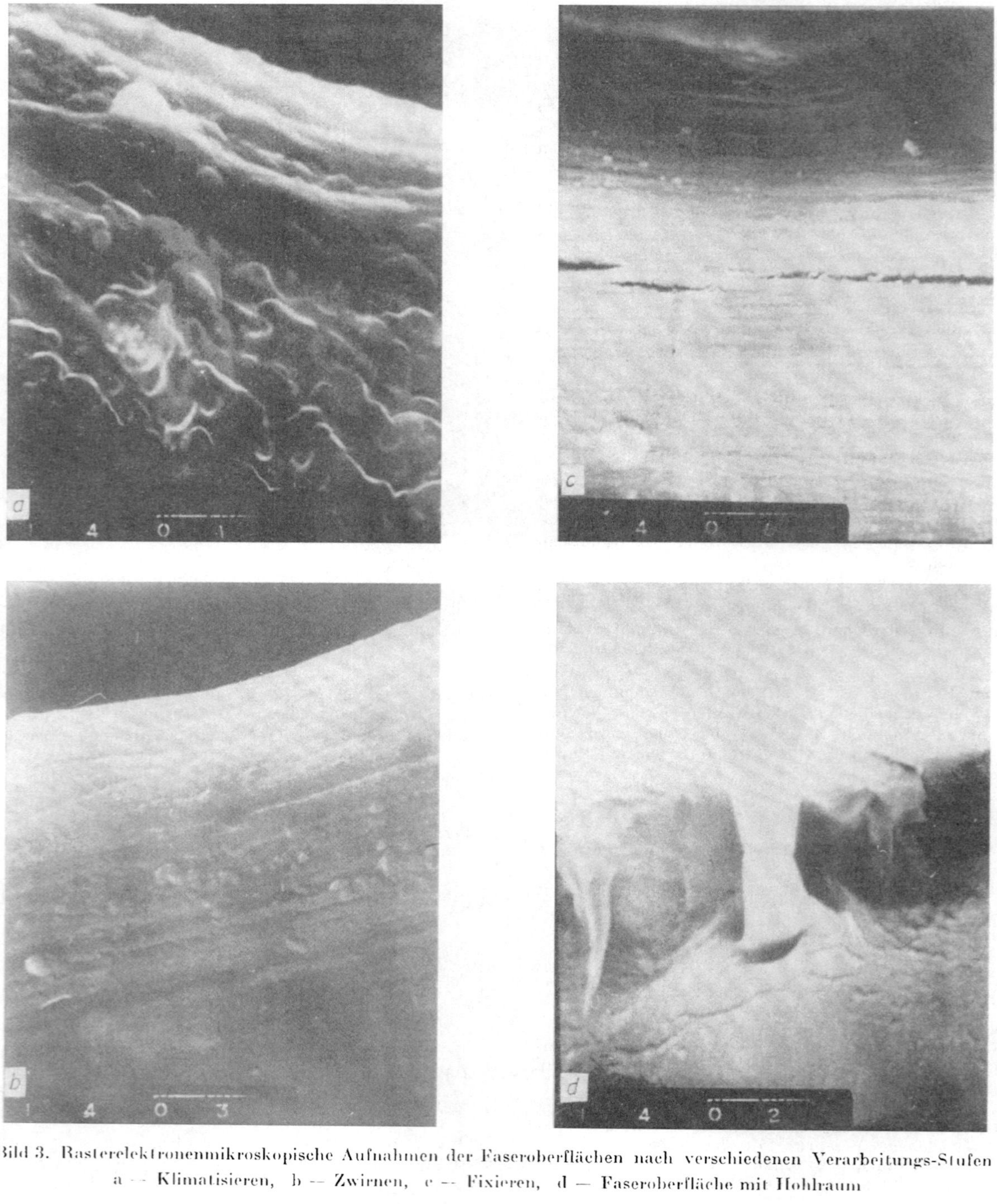

Bild 3. Rasterelektronenmikroskopische Aufnahmen der Faseroberflächen nach verschiedenen Verarbeitungs-Stufen
a — Klimatisieren, b — Zwirnen, c — Fixieren, d — Faseroberfläche mit Hohlraum

Der röntgenographische Orientierungsgrad f wurde nach der Methode der azimutalen Breite aus der von *Hermans* angegebenen Formel (2) berechnet:

$$f = 1/2(3 < \cos^2 \varnothing > -1); \quad (2)$$

$\varnothing$ = mittlerer Orientierungswinkel der morphologischen Einheit zur Faserachse.

Die Lichtdoppelbrechung φ wurde auf Grund der Beziehung (3) berechnet [5]

$$\varphi = \frac{\gamma}{1000\,d}, \quad (3)$$

wobei γ = Strahlengangunterschied [mμ] und d = Lichtweg im Faden bedeuten.

Die durch die beiden Methoden erhaltenen experimentellen Ergebnisse ergeben gute Übereinstimmung (Bild 2).

Die experimentell bestimmten strukturellen Kennwerte sind in Tabelle 1 neben einigen physikalisch-mechanischen Eigenschaften der untersuchten Fasern wiedergegeben. Es ist ein Zusammenhang zwischen den physikalisch-mechanischen Eigenschaften und den Strukturfaktoren festzustellen.

Aus den elektronenmikroskopischen Aufnahmen der Faseroberflächen (Bild 3a bis d) geht hervor, daß die Ätzung von Probe zu Probe immer gleichmäßiger und weniger ausgeprägt verläuft, was durch die festere Packung der Ketten bei fortschreitender Behandlung der Fäden erklärt werden kann. Gleichzeitig kann ein Übergang von sphärolitischen (Bild 3a) zu linearen Strukturen (Bild 3b, c) beobachtet werden. Auf der Oberfläche der Fasern treten Risse und Hohlräume auf (Bild 3c, d). Solche Erscheinungen können durch Heterogenität des Fadenquerschnittes erklärt werden, und zwar durch das Vorhandensein einer Schicht auf der Fadenoberfläche, deren physikalisch-mechanische Eigenschaften sich von denen des inneren Teils der Fäden unterscheiden, also einer Kernmantelstruktur.

Literatur

[1] *Molchanov, Yu. M.*: Supermolecular structure and properties of polymers. Mech. Polimerov, Riga (Mech. Polymeren) (1972) 3, S. 409–415.

[2] *Alexander, L. E.*: X-ray diffraction methods in polymer science. New York/Sidney: Wiley & Sons 1969.

[3] *Ziabicki, A.*: Über die mesomorphe β-Form von Polycaproamid und ihre Umwandlung in die kristalline Form α. Kolloid.-Z. **167** (1959) 2, S. 132–141.

[4] *Holmes, D. R., Bunn, C. W.*, und *Smith, D. J.*: The crystal structure of polycaproamide: Nylon 6. J. Polymer Sci. **17** (1955) 84, S. 159–177.

[5] *Urbanczyk, G. W.*: Beiträge zur Frage der Abhängigkeit zwischen Schlagzerreiß-Arbeitsvermögen und submikroskopischer Orientierung der Polycaprolactamfaser. Faserforsch. u. Textiltechnik **9** (1958) 11, S. 488–493.

Svetlana Dumitrescu, Ingeborg Theil und *Mihai Leanca*
Institut für makromolekulare Chemie „Petru Poni"
Rumänien, Iaşi, Alleea Gr. Ghica Vodă 41 A

Eingegangen am 23. Januar 1974

Neue Bücher

Kunststoff-Handbuch. Bd. VIII. Polyester. Hgg. von *Richard Vieweg* und *Leonhard Goerden.* München: Carl Hanser Verlag 1973. XXVII, 775 S. Lwd. DM 228,–.

Der Band VIII des Kunststoff-Handbuchs „Polyester" spricht einen besonders breiten Benutzerkreis an. Grund dafür ist die Unterteilung in drei große Kapitel: Polycarbonate (244 Seiten), Ungesättigte Polyesterharze (346 Seiten) und Polyalkylenterephthalate (47 Seiten).

Den Kapiteln liegt wieder die für alle Bände des Kunststoff-Handbuchs bewährte Einteilung in Chemie, Herstellung, Struktur-Eigenschaften, Verarbeitung und Anwendung zugrunde.

Das Kapitel über Polyalkylenterephthalate spiegelt die rasche Entwicklung auf dem Kunststoffgebiet wider. Wie im Vorwort erwähnt, hatten bei der Konzeption des Bandes Polyalkylenterephthalate für den Kunststoff-Einsatz noch keine Bedeutung, während der Bearbeitung des Bandes zeigte aber die wachsende industrielle Anwendung von Polyalkylenterephthalaten, daß auf diese Polyester im Kunststoff-Handbuch nicht verzichtet werden konnte. Beim Vergleich der Eigenschaften und Anwendungsgebiete von Polycarbonaten und Polyalkylenterephthalaten muß man feststellen, daß sich die Anwendungsmöglichkeiten beider Klassen von Polymeren stark überschneiden, auf der Plusseite der Polycarbonate steht ihre um etwa 20 bis 25 grd höhere Dauergebrauchstemperatur, während die Polyalkylenterephthalate eine bessere Chemikalienbeständigkeit aufweisen. Man kann sicher ohne Übertreibung feststellen, daß mit dem Abschnitt über Polyalkylenterephthalate im Kunststoff-Handbuch ein neues „Kunststoffkapitel" erstmals zusammenfassend dargestellt wurde.

Den größten Raum nehmen entsprechend ihrer industriellen Bedeutung die ungesättigten Polyesterharze ein. Wegen der Bedeutung der Glasfaserverstärkung für die UP-Harze wurde dabei auch die Herstellung der Verstärkungsmaterialien und die Wirkungsweise von Haftvermittlern behandelt.

Für Verarbeiter, sowohl von Polycarbonat wie auch von UP-Harzen, sind ausführliche Abschnitte über Verarbeitungsschwierigkeiten und -fehler sowie ihre Ursachen besonders wertvoll.

Insgesamt wird mit dem Band VIII des Kunststoff-Handbuchs ein Werk vorgelegt, das über die Chemie des gesamten Polyestergebietes informiert, besonderen Schwerpunkt aber auf Eigenschaften, Verarbeitung und die vielseitige Anwendung von Polyestern legt.

Ein Buch, das nicht nur in Bibliotheken, sondern auch als ständiges Informations- und Arbeitsmaterial auf den Schreibtisch von Kunststoffverarbeitern und -anwendern gehört.

K. Dietrich

Macromolecular Syntheses. Volume 4. Hgg. von *J. W. Bailey.* New York/London/Sydney/Toronto: John Wiley & Sons 1972. VIII, 197 S. Lwd. £ 6,45.

Der 4. Band bringt erprobte Vorschriften für ca. 40 Polymersynthesen. Sie werden, wie schon in den drei vorangegangenen Vorschriftensammlungen, in ungeordeter Reihenfolge aufgeführt. Hierzu möchte der Rezensent empfehlen, für die weiteren Bände doch eine Ordnung nach synthesemethodischen oder mechanistischen Gesichtspunkten im Inhaltsverzeichnis vorzusehen. Dies würde nicht nur die Orientierung erleichtern, sondern auch die breitere Anwendbarkeit des jeweiligen Syntheseprinzips augenfälliger machen. Für sehr nützlich halte ich die Beigabe von Zeichnungen für Spezialapparaturen. Begrüßenswert ist es auch, daß die Angaben bei den einzelnen Substanzen nicht nur die Synthese selbst betreffen; es wird häufig auf Charakterisierungshilfen wie $[\eta]$-M-Beziehungen, Fraktioniermethoden, spektroskopische Daten oder thermoanalytische Charakteristika hingewiesen. Ein ausführliches Substanz- und Methoden-Register, das auch den Inhalt der Bände 1 bis 3 mit erfaßt, vervollständigt diese sehr empfehlenswerte, von Praktikern für die Laborpraxis geschriebene Vorschriftensammlung.

G. Reinisch

Industrial Processing with Membranes. Hgg. von *Robert E. Lacey* und *Sidney Loeb.* New York/London/Sydney/Toronto: Wiley-Interscience. 1972. X, 348 Seiten. Lwd. £ 8,65.

Aus den intensiven Forschungs- und Entwicklungsbemühungen hinsichtlich der Trennprozesse mit Hilfe eines Gradienten im chemischen Potential an semipermeablen Polymermembranen geht hervor, daß solche Prozesse heute bevorzugt zur Lösung verschiedener Trennprobleme geeignet erscheinen. Im Gegensatz zu den konventionellen Stofftrennprozessen wie Destillation, Verdampfung, Extraktion usw. können die Membrantrennprozesse ohne Phasenumwandlung isotherm geführt werden; es dürften nur geringe Korrosionsprobleme auftreten, und empfindliche Substanzen lassen sich schonend isolieren. Des weiteren kann der Membrantrennprozeß ohne großen Eingriff in den Reaktionsablauf kontinuierlich durchgeführt werden. Die Entwicklungen der letzten Jahre zeigen, daß Stofftrennungen mit Hilfe der Membrantechnik nach Lösung noch bestehender Schwierigkeiten den klassischen Trenntechniken meist überlegen sein dürften. Eine wesentliche Voraussetzung für Membrantrennprozesse besteht jedoch darin, daß geeignete Polymermembranen entwickelt werden und zur Verfügung stehen, die für das jeweilige Trennproblem solche Eigenschaften wie hohe Permeabilität, hohe Selektivität, Langzeitbeständigkeit, chemische und mechanische Beständigkeit usw. besitzen.

Das Buch von *Lacey* und *Loeb*, das 13 Beiträge von namhaften Autoren auf dem Gebiet der Membranprozesse enthält, ist in zwei Abschnitte unterteilt. Teil I befaßt sich mit den Membrantrennprozessen, die mit einem Gradienten des elektrischen Potentials arbeiten, und Teil II mit den Prozessen, die mit einem Druckgradienten betrieben werden.

Im 1. Kapitel, das eine Einführung in die Elektromembran-Prozesse darstellt, wird die Entwicklung diskutiert, und verschiedene Typen dieser Prozesse werden kurz beschrieben. Das 2. Kapitel gibt Informationen über Ionenaustauschermembranen, die in Membrantrennprozessen benutzt werden, und über die physikochemischen und hydrodynamischen Grundlagen, die zum Verständnis dieser Prozesse benötigt werden. Das 3. Kapitel diskutiert ökonomische und verfahrenstechnische Aspekte, die für Elektromembran-Prozesse von Bedeutung sind. Während diese Kapitel dem Leser einen Einblick in die Grundlagen der Elektronenmembran-Prozesse verschaffen, sind die nächsten drei Kapitel industriellen Anwendungsbeispielen gewidmet, wie Entsalzung von Molke, Behandlung von bestimmten Abwässern in der Zellstoff- und Papierindustrie und Konzentrierung von Elektrolyten vor der Verdampfung für industrielle Zwecke.

Der Teil II, der die mit einem Druckgradienten betriebenen Membranprozesse behandelt, ist ähnlich aufgebaut. Das 7. Kapitel gibt eine Einführung über Prinzip und Grundlagen der reversen Osmose. Im 8. Kapitel werden die in der Ultrafiltration und reversen Osmose benutzten Membranen diskutiert und die Grundprinzipien, die für das Verständnis dieser Prozesse erforderlich sind, dargestellt. Die nicht uninteressanten Fragen des Kostenpunktes bei der Ultrafiltration und der reversen Osmose werden im 9. Kapitel diskutiert. Die nächsten drei Kapitel sind wieder industrielle Anwendungsbeispiele von druckgetriebenen Membranprozessen, wie die Anwendung der reversen Osmose in der Nahrungsmittel-, in der Zellstoff- und Papierindustrie sowie die Anwendung der Ultrafiltration und reversen Osmose für die Behandlung von Industrieabwässern. Im 13. Kapitel wird schließlich eine umfassende Darstellung der Gaspermeation gegeben.

Es ist die Absicht dieses Buches, dem Leser sowohl von der Grundlagenseite als auch von der Applikationsseite her mit den Prinzipien und dem Leistungsvermögen von Membrantrennprozessen vertraut zu machen. Für diejenigen, die mit der Membranproblematik befaßt sind, stellt es in erster Linie eine interessante Information und Hilfe dar. Es soll eine Unterstützung für die Lösung von Fragestellungen bei Trennproblemen sein, z. B. in der Weise, ob ein Membranprozeß für ein gegebenes industrielles Trennproblem in Betracht gezogen oder welcher Typ eines Membranprozesses als der aussichtsreichste für das anstehende Trennproblem angesehen werden sollte.

Membranprozesse bieten sich heute zur Lösung von Trennproblemen an; sie befinden sich z. T. im Überführungsstadium und in der Realisierungsphase. Eine Einschätzung ist jedoch erst nach einer Bewährung im großtechnischen Maßstab möglich.

Zu vermissen ist in diesem Buch ein Kapitel, in dem ausführlich die Polymermembran als wichtigste Einheit in den verschiedenen Membranmodulen behandelt wird. Dies hängt offenbar damit zusammen, daß von der Grundlagenseite her noch zu wenig Klarheit über die Struktur/Transport-Korrelation besteht.

Die einzelnen Beispiele sind klar gegliedert und aufgebaut, sie enthalten umfassende Literatur insbesondere für diejenigen, die tiefer in die Thematik eindringen wollen. Die Leistungsfähigkeit sowie auch die Bezugsquellen von Membranen für den Ionenaustausch, Ultrafiltration, reverse Osmose und Gaspermeation sind in einigen Fällen übersichtlich in Tabellen wiedergegeben. Graphische und schematische Darstellungen erleichtern es dem Leser, sich rasch einen Überblick zu verschaffen.

Das Buch von *Lacey* und *Loeb* über „Membrantrennprozesse", das insgesamt neue und zusammenfassende Informationen über elektrisch- und druckgetriebene Membranprozesse gibt, stellt eine wertvolle Ergänzung der Literatur für die Stofftrennung dar. Außer den Wissenschaftlern und Verfahrenstechnikern, die mit Membrantrennprozessen befaßt sind, sollte es vor allem den Gruppen empfohlen werden, die sich mit Abwasserproblemen oder mit Stofftrennungen z. B. in der chemischen-, pharmazeutischen- und Nahrungsmittelindustrie, Molkereiwirtschaft usw. beschäftigen.

H. J. Purz

Structure and Properties of Polymers. Von *Herman V. Boenig.* Stuttgart: Georg Thieme 1973. X, 283 S. Brosch. DM 58,—.

Das Studium der Zusammenhänge zwischen Struktur und Eigenschaften an Polymeren beschäftigt in immer stärkerem Maße die Chemiker, Physiker und Werkstoffingenieure. Das hat vor allem seine Ursachen in der ständig zunehmenden Applikation dieser Polymerwerkstoffe in nahezu allen Zweigen der Wirtschaft. Ein richtiger, zweckmäßiger und volkswirtschaftlich optimaler Einsatz der Polymerwerkstoffe erfordert tiefere wissenschaftliche Kenntnisse über die Molekül-, Mikro- und Makrostruktur der Polymeren und der damit im Zusammenhang stehenden Korrelationen zu den Eigenschaften und letztlich zum Gebrauchswert.

Im vorliegenden Buch hat der Autor versucht, in knapper und klarer Form die wichtigsten Zusammenhänge zwischen Struktur und Eigenschaftsparametern in einer für nahezu alle Polymeren gültigen zusammenfassenden Form darzustellen. Er konzentriert sich dabei auf die wichtigsten Polymertypen der Thermo- und Duroplaste.

Nach einer kurzen Skizze über die historische Entwicklung beschäftigt sich das 1. Kapitel (12 Seiten) mit Fragen der Definitionen für mesomorphe, kristalline und stereoreguläre Strukturen sowie der „helical conformation" und mit der generellen Nomenklatur für Polymere.

Im 2. Kapitel (21 Seiten) werden die wichtigsten Thermo- und Duroplaste, ihre Molekularstruktur und einige physikalische und physikalisch-chemische Kennwerte wie Schmelzpunkt, Dichte, Glasumwandlungstemperatur T_G u. a. dargestellt.

Das 3. Kapitel (65 Seiten) befaßt sich ausführlich mit den Prinzipien des Kettenaufbauprozesses. So werden unter dem Abschnitt Additionspolymerisation die Radikal-, Kationen-, Anionen- und stereospezifische Polymerisation erläutert.

Im Abschnitt Kondensationspolymerisation behandelt der Autor neben einigen Grundfragen u. a. die Reaktivität von polyfunktionellen Verbindungen und Fragen der rel. Molekülmasse und der Dispersität bei Polykondensaten.

Im 4. Kapitel (18 Seiten) werden kurz einige allgemeine Grundlagen der Struktur von Polymeren erläutert und im 5. Kapitel (12 Seiten) ausgewählte Aspekte der Polymerchemie und -physik wie: T_G, Fließviskosität, Kautschukelastizität bei Netzwerken, Viskoelastizität u. a. diskutiert.

Den umfangreichsten Teil des Buches stellt das Kapitel 6 (132 Seiten) mit der Überschrift: „Beziehungen zwischen

Struktur und Eigenschaften" dar. Hier geht der Autor ausführlich auf folgende Fragen ein:

Struktur und mechanische Eigenschaften,
Struktur und chemische Beständigkeit,
Struktur und thermische Eigenschaften,
Struktur und elektrische Eigenschaften,
Struktur und Adhäsion, Oberflächenspannung u. a.,
Struktur und Strahlung,
Struktur und Fließeigenschaften.

Das gesamte Kapitel gewinnt durch Klarheit und Exaktheit in der wissenschaftlichen Aussage und die Vielzahl der tabellarisch zusammengefaßten Kennwerte.

Dem Verfasser gelingt es, mit dieser Darstellung dem Leser verständlich zu machen, daß jede Beeinflussung oder Abwandlung der molekularen Struktur des Polymeren Veränderungen einer oder mehrerer Eigenschaften nach sich zieht.

Das Buch wird sowohl bei Naturwissenschaftlern in Lehre und Forschung — vor allem bei Chemikern, Physikern und Werkstoffingenieuren, die sich mit Problemen der Verarbeitung und Anwendung von Polymerwerkstoffen befassen — als auch bei Studierenden an Hoch- und Fachschulen auf großes Interesse stoßen und für viele von Nutzen sein. *C. Bischof*

The Particle Atlas. Ed. two. Vol. IV. The Particle Analst's Handbook. Von *Walter C. Mc Crone* und *John Gustav Delly.* Ann Arbor, Michigan: Ann Arbor Science Publ. Inc. 1973. S. 801—1138 (338 S.) Lwd. Subskriptionspreis: £ 22,00.

Zur eindeutigen Charakterisierung und Identifizierung unbekannter Teilchen ist es notwendig, neben morphologischen Vergleichen mit bekannten Partikeln auch andere spezifische Daten heranzuziehen. Im 4. Band ihres „Particle Atlas" haben *W. C. McCrone* und *J. G. Delly* alle gemessenen Daten von den 609 untersuchten, verschiedenen Proben tabellarisch zusammengefaßt.

Zu Beginn dieser Zusammenstellung wurden die untersuchten Materialien entsprechend ihrer Besonderheiten, wie z. B. Durchsichtigkeit, Färbung, Doppelbrechung u. a. m., in 34 verschiedene Gruppen unterteilt, die neben der Probennummer Dichtewerte, Brechungsindizes und besondere Spezifika enthalten. Im Anschluß hieran ist die chemische Zusammensetzung der Partikel, alphabetisch nach Elementen geordnet, zu finden. Für die Zuordnung und Auswertung von EDXRA-Diagrammen sind gerade derartige Tabellen von Wichtigkeit. Die Lage der Einzelpeaks der Elemente mit Atomzahlen von 8 bis 100 sind mit einem Auflösungsvermögen von 160 eV in den abgedruckten Original-EDXRA-Diagrammen ablesbar. Zur genaueren Bestimmung dieser Werte ist eine Energietabelle für die charakteristische Röntgenstrahlung der Elemente angefügt.

Die Charakterisierung und Identifizierung der unbekannten Teilchen mit Hilfe des Mikroskops wird wesentlich erleichtert durch die aufgeführten Tabellen der Brechungskoeffiziente und ihrer Wellenlängenabhängigkeiten der Vergleichsproben. Für künstlich erzeugte und natürliche Fasern gibt es hierzu eine Extratabelle.

Den Abschluß des Tabellenteils bildet eine Zusammenstellung der Massen und der Vorkommenshäufigkeit aller bekannten Elemente einschließlich ihrer Isotope.

Das letzte Kapitel dieses Bandes ist der Erklärung der gebräuchlichsten Formeln und Relationen für die Teilchenanalyse mit bestimmten Methoden gewidmet.

Im Anhang sind einerseits eine Adressenkartei der Hersteller von Analysengeräten zu finden, andererseits ermöglicht ein ausführliches, nach Sachgebieten geordnetes Literaturverzeichnis (1998 Zitate bis einschließlich 1973) und ein umfangreiches Stichwortverzeichnis ein einfaches und schnelles Auffinden bestimmter benötigter Erläuterungen und Daten, die für eventuelles Einarbeiten in ein Spezialgebiet von Vorteil sind.

Mit diesem 4. Band ist der „Particle Atlas" komplett und ermöglicht eine relativ einfache Charakterisierung und Identifizierung von Mikroteilchen unbekannter Natur.

E. Schulz

Technik und Praxis der Spektroskopie. (russ.). Von *A. N. Sajdel, G. V. Ostrovskaja* und *Ju. I. Ostrovskij.* Moskva: Nauka 1972, 375 S. Lwd. 2,35 Rbl. (11,75 M).

Das Werk beinhaltet die experimentellen Grundlagen der Spektroskopie im ultravioletten und sichtbaren Spektralbereich. Es wurde als Lehrbuch der angewandten Spektroskopie für Studenten an Universitäten und Hochschulen geschrieben. Der Inhalt beschäftigt sich hauptsächlich mit der Funktionsweise von Spektralapparaten, wobei die Funktion der einzelnen Bestandteile ausführlich analysiert und beschrieben wird. Dabei wird der Lehrstoff in physikalischer und mathematischer Hinsicht exakt dargestellt.

Das Buch ist in 14 Kapitel gegliedert. Vier Kapitel beschreiben wichtige Bestandteile und Zubehöre von Spektralapparaten, wie z. B. Prismen und Beugungsgitter als dispergierende Medien sowie Lichtquellen, Filter und Empfänger. In sechs Kapiteln wird die Problematik der optimalen Wirkungsweise der Spektralapparate ausführlich dargestellt. Dabei wird die Funktion von Geräten mit großem Auflösungsvermögen, mit Zeitauflösung und mit selektiver Modulation erklärt und physikalisch analysiert. Es werden die in der Praxis am häufigsten benutzten Geräte vorgestellt und ihre Leistungsfähigkeit kritisch eingeschätzt. Die letzten vier Kapitel sind methodischen Fragen gewidmet. Dazu gehören die Themen: Messung der Wellenlänge, energetische Messungen in den Spektren, Untersuchungen an Absorptionsspektren und methodische Untersuchungen zur anomalen Dispersion.

Das gut ausgestattete Buch zeichnet sich durch eine übersichtliche und verständliche Darstellung aus. Es wird deshalb Studenten und Wissenschaftlern sehr empfohlen.

R. Danz

Synthese und Physikochemie von Polymeren
(Sintez i fiziko-chimija polimerov).
Hgg. von der Akademie der Wissenschaften der Ukrainischen SSR, Kiew: Naukova Dumka. 1973. Verantwortlicher Redakteur: *Ju. S. Lipatov*
148 S., brosch. 1 R. 36 K.

Von dem Institut für hochmolekulare Verbindungen der Akademie der Wissenschaften der Ukrainischen SSR in Kiew wird periodisch eine Reihe von Sammelheften mit Originalbeiträgen der Mitarbeiter des Institutes sowie Angehöriger anderer wissenschaftlicher Institutionen herausgegeben. Das neueste, elfte Sammelheft dieser Reihe enthält 38 Mitteilungen, von denen etwa die Hälfte Polyurethanen gewidmet ist, wobei sich die Palette von einigen Modellverbindungen bzw. Ausgangskomponenten bis zu Kautschuken und Überzügen erstreckt und den modifizierten Polyurethanen besondere Beachtung geschenkt wird. Zu erwähnen wären unter diesen Beiträgen z. B. eine Arbeit über die Behandlung von Polyurethanfäden mit Formaldehyd, eine Arbeit über die Synthese und Eigenschaften von Polyurethanen auf der Basis von Hydrazinderivaten des Sulfolans sowie eine Arbeit über die Synthese und thermische Eigenschaften von mit Polyurethanen genetisch verwandten Polyoxazolidonen.

Fünf Beiträge befassen sich mit Polyamid 6, zwei davon mit der Morphologie von Polyamid-6-Faserstoff im Zusammenhang mit dem Reckvorgang bzw. thermischen Einwirkungen.

In einigen weiteren Beiträgen wird auf die Synthese bzw. Eigenschaften von s-Triazinringe enthaltenden Polymeren bzw. Copolymeren, vor allem auf der Basis von Diallylisocyanat, eingegangen.

Berichtet wird ferner über die Erhöhung der thermooxydativen Beständigkeit von Polyäthylen durch Pfropfung von Polyvinylisocyanaten, über die Bildung von Überzügen durch Elektrofällung des Polymeren aus seinem Latex, über einige Polymerisationsmechanismen usw.

Die hier kurz erwähnte Zusammensetzung zeigt, daß es sich dabei um sehr aktuelle Fragen auf dem Gebiet der Polymerenchemie handelt. Deshalb ist dieses neue Heft den in der Forschung bzw. Industrie tätigen Polymerchemikern bzw. -physikochemikern zu empfehlen. *W. Dawydoff*

Die Hysterese unbehandelter und thermisch vorbehandelter Polyamid-6-Fäden. Von *Walther Wegener* und *Rolf Guse.* Forschungsberichte des Landes Nordrhein-Westfalen. Nr. 2077. Köln/Opladen: Westdeutscher Verlag 1969. 40 S., Brosch. DM 30,40.

An Hand von 21 Literaturzitaten gehen die Verfasser einleitend auf die Wichtigkeit der Hysteresemessungen mit sinusförmigen Dehnungs-Testfunktionen für die Beurteilung der Faserstoffe und Textilien ein. Es folgt ein Kapitel über die mathematischen Grundlagen der Hysteresemessung. Darin werden nicht nur die *Fourier*-Analyse und die Kriterien für das Vernachlässigen der höheren Harmonischen, sondern auch die Möglichkeiten für die Nachbildung der gefundenen Hysteresefunktion mit einem elektrischen Netzwerk erläutert. Der praktische Aufbau des Hysteresemeßgerätes ist im dritten Kapitel behandelt. Es folgen zwei kurze Kapitel über die Eichung des Gerätes und den Vergleich der mit ihm und einer fotografischen Methode durchgeführten Hysteresebestimmungen. Der Hauptteil des Forschungsberichts gilt dann der Hysteresemessung an Polyamid-6-Monofilen. Dabei werden die Abhängigkeiten der Hysterese von der Vorbehandlungstemperatur, der Vorbehandlungszeit, der Vorspannung während der Vorbehandlung, der Prüffrequenz und der Vordehnung während der Prüfung untersucht und die Ergebnisse in vielen räumlichen Darstellungen gezeigt. Die erzielten Ergebnisse werden an Hand des Modells für den molekularen Aufbau der Polyamid-6-Fäden interpretiert und die Anwendungsmöglichkeiten des Hysteresemeßverfahrens diskutiert. *F. Winkler*

Thermal Analysis. Von *Antonín Blažek.* London/New York Cincinnati/Toronto/Melbourne: Van Nostrand Reinhold Comp. 1973. 286 S. Lwd. M 18,25.

Verfahren der Thermoanalyse haben in den letzten 20 Jahren ständig zunehmende Anwendung gefunden und werden heute auf den verschiedensten Gebieten zur Charakterisierung der thermischen Eigenschaften organischer und anorganischer Materialien eingesetzt. Unterstützt wurde diese Entwicklung dadurch, daß von einer Reihe von Firmen technisch ausgereifte Geräte angeboten werden, die einen hohen Bedienungskomfort aufweisen, so daß die meisten Anwender nicht mehr auf kostspielige und arbeitsaufwendige Eigenentwicklungen angewiesen sind.

A. Blažek gibt in dem vorliegenden Buch, das von *Ž. Procházka* aus dem Tschechischen ins Englische übersetzt worden ist, nach einer kurzen Einleitung einen Überblick über die theoretischen Grundlagen und die Praxis der Thermogravimetrie (TG) und der Differentialthermoanalyse (DTA), zwei Verfahren der Thermoanalyse, die bisher die breiteste Anwendung gefunden haben. Der Autor erläutert dabei an Hand von Beispielen aus der Literatur, wobei Literaturangaben bis 1971 herangezogen wurden, die verschiedenen Faktoren, die das Ergebnis der thermogravimetrischen und differentialthermoanalytischen Untersuchungen und die Gestalt der TG und DTA-Kurven beeinflussen, wie Probenform, Aufheizgeschwindigkeit, Atmosphäre im Ofenraum, Tiegelform u. a. Besondere Abschnitte sind den Methoden der Temperaturmessung, der Kalibrierung der Temperaturkurven und der Waage, der Anwendung auf das Studium reaktionskinetischer Probleme sowie einigen speziellen Entwicklungen, wie z. B. der derivativen TG und DTA und der Differentialcalorimetrie (DSC) gewidmet. Die Anwendung der TG und DTA wird durch die tabellarische Zusammenstellung der thermischen Kennziffern einer Vielzahl industriell und technologisch wichtiger Mineralien illustriert. Anwendungsbeispiele aus den Gebieten der Polymerforschung und der Charakterisierung organischer Substanzen fehlen dabei jedoch leider ebenso wie in den vorangehenden Kapiteln. Ein Überblick über die meisten der zur Zeit kommerziell angebotenen DTA-Geräte und Thermowaagen, verbunden mit einer kurzen Charakterisierung des Meßprinzips und des konstruktiven Aufbaus, kann potentiellen Anwendern die Auswahl eines für die Lösung ihrer Probleme geeigneten Gerätes erleichtern. Ein Abdruck der Empfehlung des ICTA-Standardisierungskomitees zur Nomenklatur bei der Mitteilung thermoanalytischer Daten und ein Schlagwortindex vervollständigen das Buch, das als gute und leicht verständliche Einführung in das Gebiet der Thermoanalyse empfohlen werden kann. *E. Schaaf*

Anschauliche Physik. Von *Jac R. Ballif* und *William E. Dibble.* De Gruyter Lehrbuch.
Berlin/New York: Walter de Gruyter 1973. XIII, 732 S. Brosch. DM 42,—.

Mit diesem Buch, das von *M. Lambeck* ins Deutsche übertragen wurde, wenden sich *J. R. Ballif* und *W. E. Dibble* an Studierende der Ingenieurwissenschaften, Naturwissenschaften und der Medizin mit dem Ziel, das Verständnis für die wichtigsten physikalischen Grundlagen zu fördern. Die grundlegenden physikalischen Gesetzmäßigkeiten sind einfach und ohne jeden Formalismus dargestellt. Die Erklärungen des zu vermittelnden Sachverhaltes werden an ausgesuchten einfachen Beispielen gegeben und mit ideenreichen humorvollen Abbildungen gut untermauert. Jedem Kapitel sind Abschnitte mit Fragen und Aufgaben unterschiedlichen Schwierigkeitsgrades angefügt. Die ersten Beispiele dieser Abschnitte werden dem Leser zur Vertiefung der gerade angeeigneten Kenntnisse ausführlich mathematisch vorgeführt.

Die Fragen und Aufgaben sind im allgemeinen so ausgesucht, daß der Leser unbewußt zum physikalischen Denken angeregt wird und Freude verspürt, die Lösung zu dem gestellten Problem zu suchen.

Aber nicht nur gut „verpackte" physikalische Gesetzmäßigkeiten werden dem Leser präsentiert, sondern man erhält auch einen kurzen Einblick in die Geschichte der Physik. Es ist interessant zu erfahren, welche Einflüsse die Entdeckung der Naturgesetze auf die jeweilige Epoche hatte und welche Konflikte mit den herrschenden Gesellschaftsordnungen durchgestanden werden mußten, bis die weltverändernden Entdeckungen allgemein akzeptiert und anerkannt worden sind. Hierfür werden *Galilei, Newton* sowie deren Widersacher zitiert. Aber auch der Einfluß der sich seit *Newton* entwickelnden physikalischen Denkweise auf andere Lebensbereiche, einschließlich der Philosophie wird aufgezeigt.

In zwölf Kapiteln wird zu allen Fragen und Gesetzmäßigkeiten der Physik, sei es zu der Mechanik, Elektrik, Optik oder Quantenphysik Stellung genommen. Der letzte Abschnitt dieses Buches ist dem modernen Weltbild der Physik gewidmet. Auch hier werden bisher nicht beantwortete Fragen offen andiskutiert, um dem Leser klarzumachen, welche Grenzen heute der Physik und ihrer Erkenntnis gesetzt sind. Am Ende wird nochmals darauf hingewiesen, daß die Natur und deren Prozesse noch nicht vollends erkannt sind, eine Vervollkommnung der Erkenntnisse ständig erfolgt und daß diese Erkenntnisse auch unsere „aufgeklärte" Gesellschaft stark verändern.

Im Anhang werden einfache mathematische Ableitungen von Gesetzmäßigkeiten vorgestellt und kleine Beweise von Naturgesetzen gegeben.

Das vorliegende Lehrbuch der Physik weicht von dem bekannten unpersönlichen Aufbau eines deutschen Lehrbuches in seiner Darstellung und Aufmachung ab. Es vermittelt dennoch dem Leser die physikalischen Grundlagen einfach und übersichtlich. Für alle, die sich mit den physikalischen Erkenntnissen beschäftigen wollen oder müssen, ist dieses Buch als Einführung empfehlenswert. Als Ergänzung zu mathematisch aufgebauten Physik-Lehrbüchern ist es sogar für Studierende der Physik von großem Vorteil, weil hier auch für das Verständnis von Gesetzmäßigkeiten notwendige Zusammenhänge dargestellt werden. *E. Schulz*

Die Patent- und Literaturschau fallen in diesem Heft aus

31 712

Hans Dawczynski

Temperaturbeständige Faserstoffe aus anorganischen Polymeren

(Wissenschaftliche Taschenbücher, Reihe Chemie)

1974. Etwa 180 Seiten — 42 Abbildungen — kl. 8° — 8,— M

Bestell-Nr. 761 898 3 (7152)

Im Teil II wird auf die wichtigsten temperaturbeständigen Faserstoffe auf der Basis anorganischer Polymerer eingegangen. Es werden Fragen zur Struktur der chemischen und physikalischen Eigenschaften abgehandelt. Besonderer Wert wird sowohl auf die Labordarstellung als auch auf die technische Synthese und die vielfältigen Einsatzmöglichkeiten gelegt. Ferner werden Angaben zur Preis- und Produktionsentwicklung der bedeutendsten temperaturbeständigen anorganischen Faserstoffe gemacht.

Mit dieser Abhandlung wird der erste Versuch einer Sichtung und Wertung des umfangreichen Literaturmaterials vorgenommen und daraus ableitend auf die Entwicklungstendenzen hingewiesen.

Bestellungen durch eine Buchhandlung erbeten

AKADEMIE-VERLAG

DDR-108 Berlin, Leipziger Str. 3—4

FSC
www.fsc.org
MIX
Papier | Fördert
gute Waldnutzung
FSC® C083411

Zeitfracht Medien GmbH
Ferdinand-Jühlke-Straße 7
99095 Erfurt, Deutschland
produktsicherheit@kolibri360.de